高等院校土木工程专业教材

土木工程制图习题集

第二版

周佶 杨为邦 等 主编

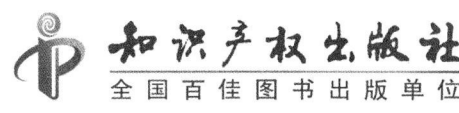

内容提要

本习题集是《土木工程制图》(第二版)一书的配套教材,为配合该课程的教学需求同时满足学生自学、练习而作。内容主要包括:制图基础、组合体投影、图样画法、计算机绘图、建筑施工图、结构施工图、给水排水施工图、建筑电气施工图、暖通空调施工图以及道路、桥梁及隧洞施工图等几部分内容的习题,辅助学生进一步巩固课程知识,加强实践。习题的编排由浅入深,便于学生自学和练习。

本习题集既是为高等工科院校土木及建筑工程等相关专业编写的"土木工程制图"课程的配套习题集,也可作为电大、职大、函大、自考及培训班教学用书。

责任编辑: 段红梅 张 冰
文字编辑: 张 冰

图书在版编目(CIP)数据

土木工程制图习题集/周佶等主编. —2版. —北京:
知识产权出版社,2012.2 (2018.8重印)
高等院校土木工程专业教材
ISBN 978-7-5130-1074-0

Ⅰ.①土… Ⅱ.①周… Ⅲ.①土木工程-建筑制图-
高等学校-习题集 Ⅳ.①TU204-44

中国版本图书馆CIP数据核字(2012)第012841号

高等院校土木工程专业教材

土木工程制图习题集 第二版

周佶 杨为邦 等 主编

出版发行:知识产权出版社有限责任公司	
社 址:北京市海淀区气象路50号院	邮 编:100081
网 址:http://www.ipph.cn	邮 箱:bjb@cnipr.com
发行电话:010-82000860 转 8101/8102	传 真:010-82005070/82000893
责编电话:010-82000860 转 8024	责编邮箱:zhangbing@cnipr.com
印 刷:北京嘉恒彩色印刷有限责任公司	经 销:新华书店及相关销售网点
开 本:787mm×1092mm 1/16	印 张:16
版 次:2010年3月第2版	印 次:2018年8月第11次印刷
字 数:106千字	印 数:27501~29000册
定 价:32.00元	

ISBN 978-7-5130-1074-0/TU·037 (3952)

出版权专有 侵权必究
如有印装质量问题,本社负责调换。

第二版前言

本习题集主要与由知识产权出版社出版的《土木工程制图》(第二版，2010年修订)教材配套使用。本次修订工作是在第一版的基础上，根据国家现行的多种系列制图标准，并结合第一版出版发行近5年来在教学实践中出现的新问题以及教学实践工作的新发展、新要求修订而成。

本习题集的修订工作主要从以下几方面着手进行：

(1) 增加了组合体读图和绘图部分的习题量，并按照教学的需求增加了习题的类型，扩大了可供取舍的范围，使教师或学生可以根据实际需要选用。

(2) 新增了"计算机绘图"的习题。

(3) 新增了"暖通空调施工图"习题。

(4) 为了便于教学中练习绘制施工图，将大作业全部调整到可以容纳在一张A3幅面的图纸中。

(5) 修改了第一版中的一些标注错误和遗漏的尺寸。

(6) 使用计算机重新绘制了几乎所有的练习图，使得图面更加协调一致，并且将原图中不太规范之处也作了全面的修改。

通过以上几个方面的修订，使得本习题集更加适合建筑、结构、给水排水、电气、暖通、道路桥梁等专业的工科学生和工程设计人员在学习《土木工程制图》时参考练习。同时，也使《土木工程制图》教材成为一个完整的体系。

本习题集由周佶、杨为邦担任主编。参加修订工作的还有程小武、尹述平、唐明怡、李永义等。

此外，丁海峰、曲丽佳参与了本习题集的图形绘制和修改工作。

编 者

2010年2月于南京工业大学

第 一 版 前 言

本习题集适用于土木建筑各类专业制图课的教学，与由中国水利水电出版社、知识产权出版社出版的《土木工程制图》教材配套使用。并为了便于教学，习题集的章节编排次序与教材一致。考虑到当前教学的实际即每讲授两学时安排一次习题或作业的情况，习题和作业量安排较为适当。

本习题集的主要内容包括投影制图和专业制图两部分。投影制图部分有 11 页，每页由 2~4 个练习构成，无论是习题的数量还是难度都比较适中；专业制图部分包括基本知识和绘图作业两个部分，目的是培养学生阅读和绘制工程图样的基本能力。

本习题集既是为高等院校本科生教学编写的，也可作为高等专科学校教学及自学考试辅导用书。

本习题集由南京工业大学杨为邦、唐明怡主编，参加编写的还有闻莺等。由于时间仓促水平所限，书中不足之处在所难免，恳请同行和读者批评指正。

编 者

2005 年 2 月

目 录

第二版前言

第一版前言

一、制图基础 1

二、组合体投影 6

三、图样画法 15

四、计算机绘图 19

五、建筑施工图 24

六、结构施工图 31

七、给水排水施工图 40

八、建筑电气施工图 47

九、暖通空调施工图 51

十、道路、桥梁及隧洞施工图 56

一、制图基础 1-1

字体练习（一）

在工程实践中人们习惯用观察替代投影把正投影图称之为视图严格讲只有当观察者离开形体无穷远视线为平行线时投影图视图才完全一致如面投影反映观察者正对形体从前向后观看形体得到的图形称之为正面图档案要求

房屋按其使用功能的不同可分为工业建筑和民用建筑两大类民用建筑又可分为公共建筑学校医院会堂等和居住建筑住宅宿舍等建筑物按结构分通常有框架结构等各种建筑物尽管在功能及构造上各有不同但就一栋房屋而言基本上是由屋顶楼梯楼面地层墙或柱基础和门窗组成图是一种假想被剖切开的房屋图中比

辅助投影面法即设置一个平行于倾斜部分的辅助投影面并进行投影得到倾斜部分的视图就是斜视图在表达上斜视图比辅助投影更为简单直观些如图所示斜视图无需画辅助投影面的位置仅在倾斜面为积聚投影的视图中用垂直与倾斜面的箭头指向斜视图的观察方向并在箭头旁注写大写字母如即可斜视图最好按投影关系配置在箭头所指的方向一致的位置上并在斜视图的下方用箭头旁一致的大写之母注写视图名称见图斜视图也可以配置在其他适当的位置或旋转为水平位置如需将图形旋转为水平位置画出应在斜视图的名称旁加注表示旋转方向的箭头或见图斜视图只需要表达倾斜部分图形

一、制图基础 1-2

字体练习(二)

建筑制图民用房屋东南西北方向平立剖面设计说明基础墙柱梁档板比例尺长宽厚度标高形状大小体积轴线垂直前后左右上中下室内外地坪素土安全

结构分析箱体盖板轴承直半径圆弧轴测三视图窨井剖切节点详图基础梁构造柱标注尺寸正立面图面投影反映观察者位于形体上方俯视形体所得到的图形习惯称之为平面图面投影反映观察者位于形体的左侧面

边界用波浪线石楼地消防梯安全板门框百页亮子铁铰链钩玻璃马赛克刨花木丝板温虹卫生设备城市管系混凝土砖木灰浆给排水暖组合体投影图样画法计算机绘图建筑施工图结构施工建筑电气施工图暖通空调道路工程制图技术要求旋转拆卸深斜座热处理表面光洁度展开不大于标注示例尺寸分析

0 1 2 3 4 5 6 7 8 9 φ

0 1 2 3 4 5 6 7 8 9 φ R S

I II III IV V VI VII VIII IX X XI XII

a b c d e f g h i j k l m n o p q r s t u v w x y z

A B C D E F G H I J K L M N O P Q R S T U V W X Y Z

| 一、制图基础 | 班级　　姓名　　学号　　成绩 |

线型练习作业指导书

作业一　图线与常见图例练习

1. 目的

（1）学习正确使用绘图仪器和工具。

（2）掌握绘图的方法、步骤以及字体、图线的写法、画法。

（3）熟悉制图的基本规格和要求。

2. 内容

抄绘本习题集第4页中"各种图线"和"常见图例"。

3. 要求

（1）图纸：3号图纸（描图纸或绘图纸）。

（2）比例：1∶1。

（3）图线：用墨线或铅笔线绘制，线宽 $b=0.7$，$b/2=0.35$，$b/4=0.18$。

（4）字体：字母和尺寸数字用3.5号字；汉字、图名用7号字，其余用5号字。

作业二　几何作图

1. 目的

（1）学习正确使用绘图仪器和工具。

（2）掌握绘图的方法、步骤以及字体、图线的写法、画法，练习几何作图与尺寸标注。

（3）熟悉制图的基本规格和要求。

2. 内容

抄绘本习题集第5页中"砖墙基础"和"吊钩"。

3. 要求

（1）图纸：3号图纸（描图纸或绘图纸）。

（2）比例：砖墙基础1∶10，吊钩1∶2。

（3）图线：用墨线或铅笔线绘制，线宽 $b=0.7$，$b/2=0.35$，$b/4=0.18$。

（4）字体：字母和尺寸数字用3.5号字；汉字、图名用7号字，其余用5号字。

一、制图基础 1-3

班级　　　姓名　　　学号　　　成绩

线型练习

1. 各种图线

2. 常见图例

普通砖

木材

金属

毛石

混凝土

砂、灰土

钢筋混凝土

自然土壤

夯石土壤

一、制图基础 1-4

| 班级 | 姓名 | 学号 | 成绩 |

作业一、二 线型练习附图

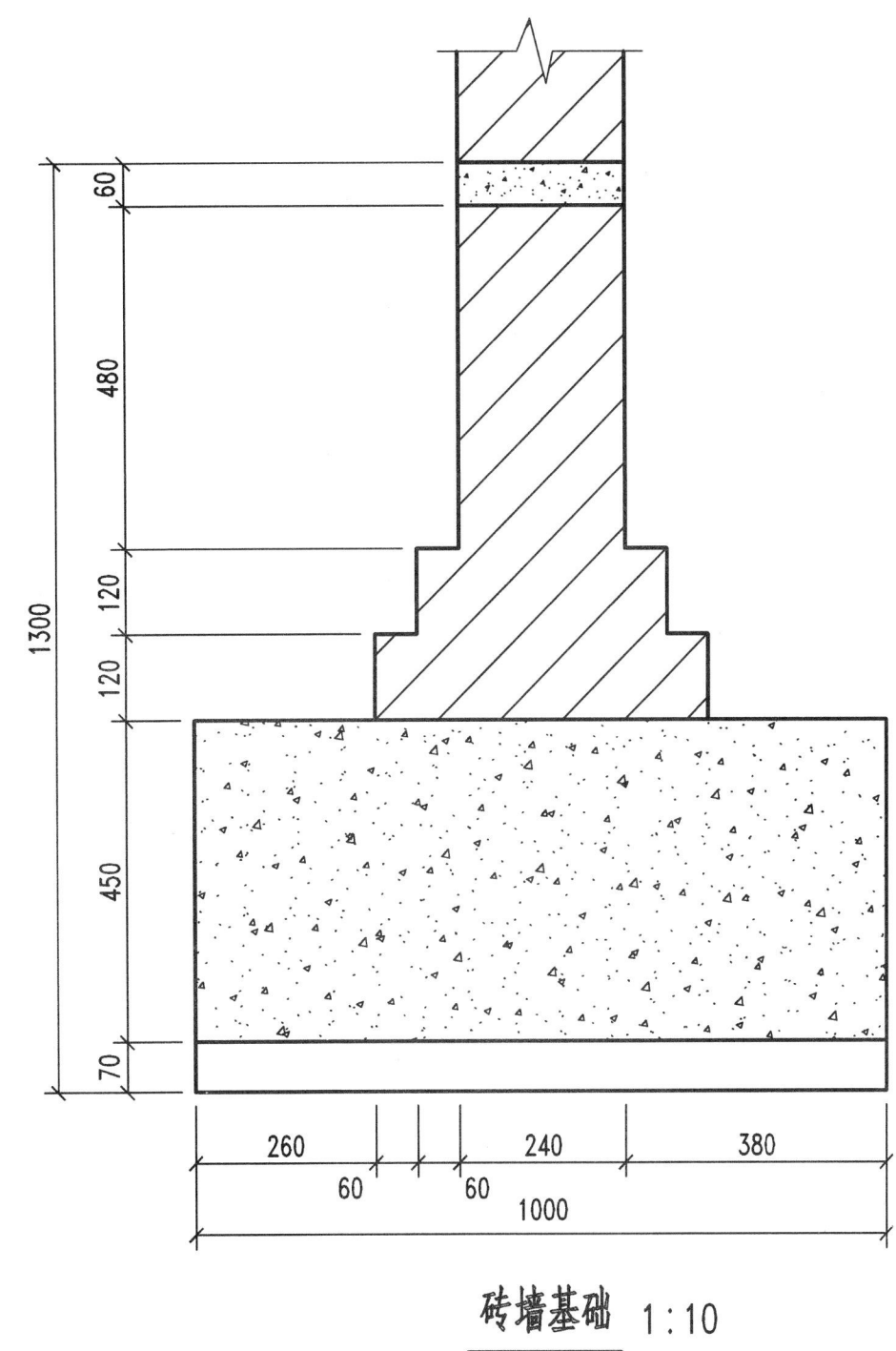

砖墙基础 1:10

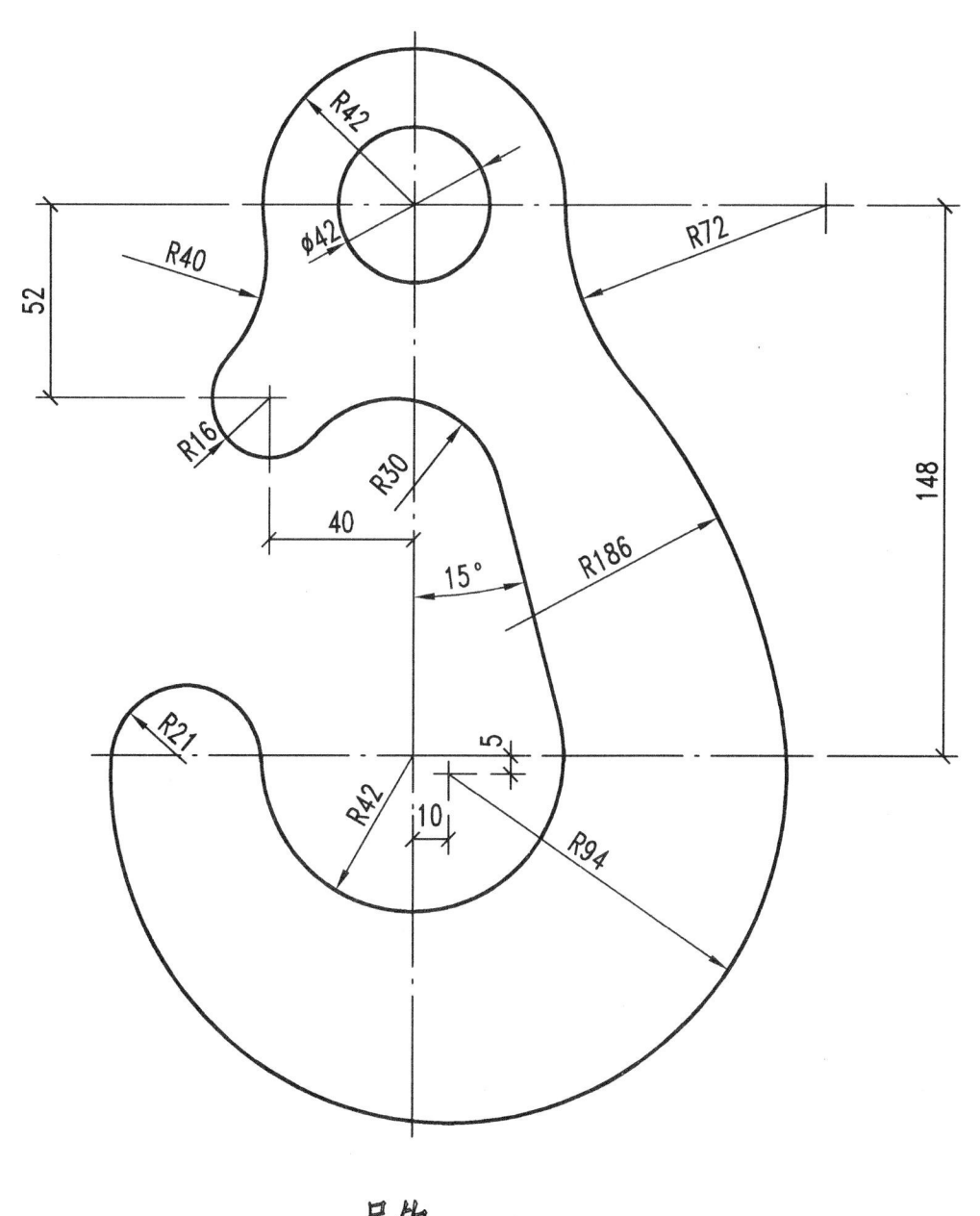

吊钩 1:2

二、组合体投影 2-1

班级　　　姓名　　　学号　　　成绩

补画组合体的第三投影（柱类）

二、组合体投影 2-2

补画组合体的第三投影（锥类）

二、组合体投影 2-3

补画组合体的第三投影（球类和台类）

二、组合体投影 2-4

班级　　　姓名　　　学号　　　成绩

补画组合体的第三投影（叠加型）

二、组合体投影 2-5　　　　　　　　　班级　　　姓名　　　学号　　　成绩

补画组合体的第三投影（切割型）

二、组合体投影 2-6　　　　　　　　班级　　　姓名　　　学号　　成绩

补画组合体的第三投影（相交型）

二、组合体投影 2-7　　　　　　　　班级　　　　姓名　　　　学号　　成绩

补全组合体投影的三面投影

二、组合体投影 2-8　　　　　班级　　　姓名　　　学号　　　成绩

根据轴测投影画出形体的三面投影（尺寸在图中按1：1直接量取）

1.

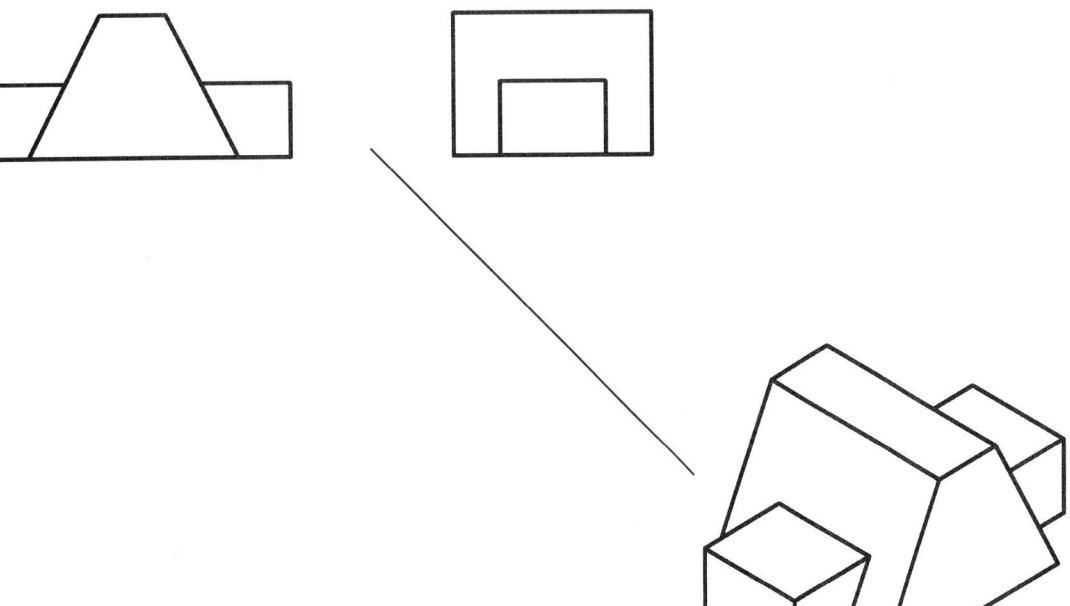

2.

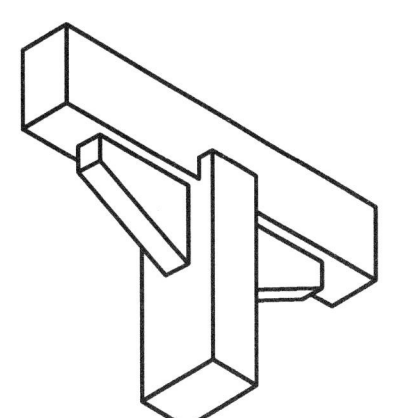

3.

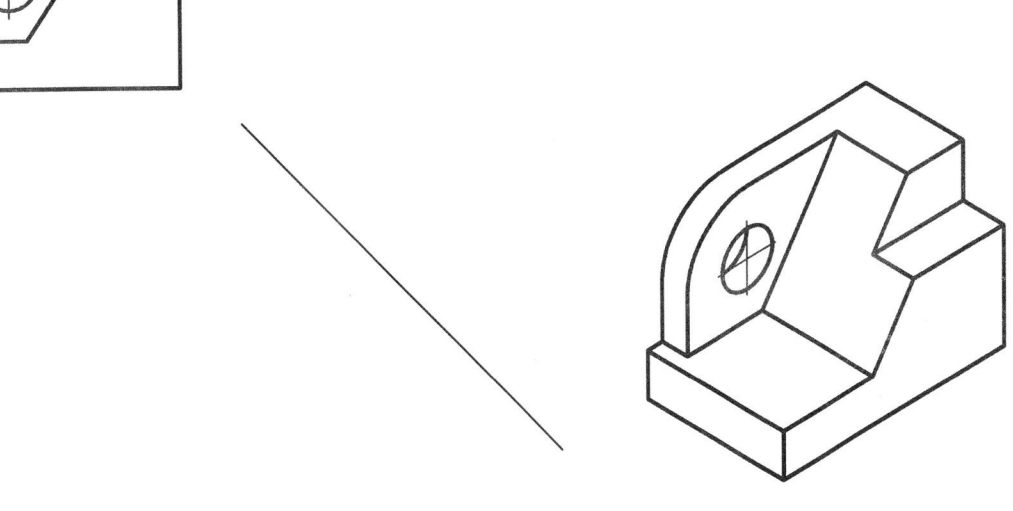

4.

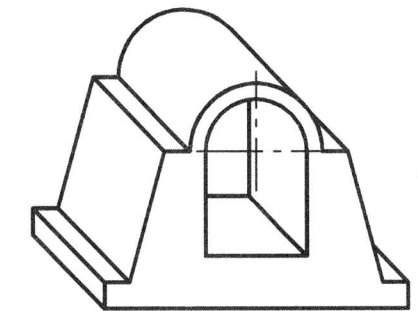

二、组合体投影 2-9　　　　班级　　姓名　　学号　成绩

尺寸标注

1. 指出下列视图中什么尺寸是定型尺寸、定位尺寸和总体尺寸？

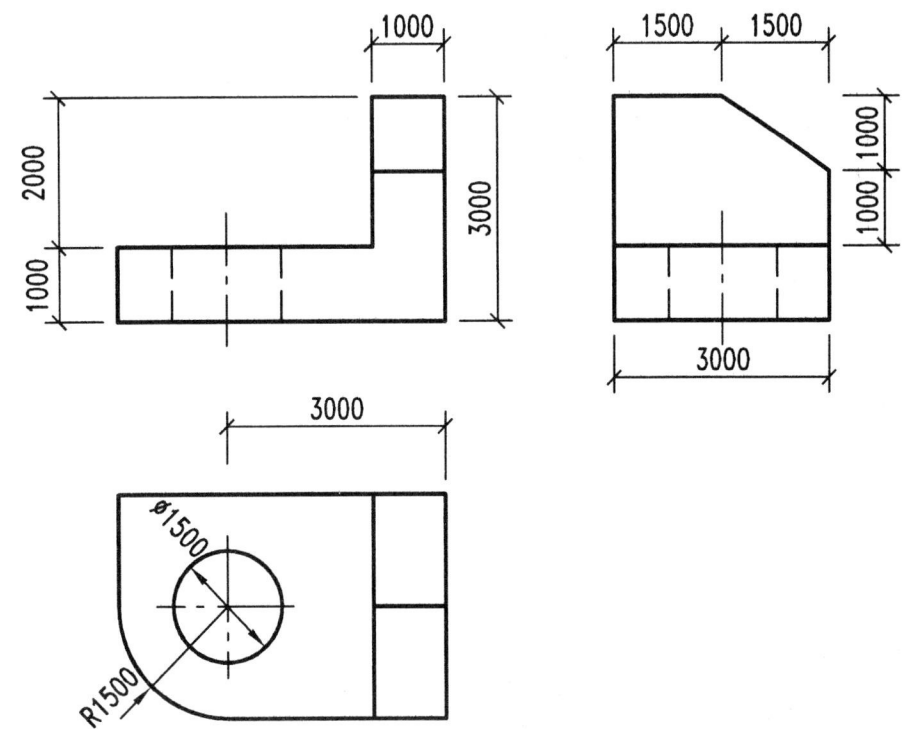

定型尺寸有_____。

定位尺寸有_____。

总体尺寸有_____。

2. 试根据下列视图标注形体的定型尺寸、定位尺寸和总体尺寸。

（视图按1∶10的比例绘制）

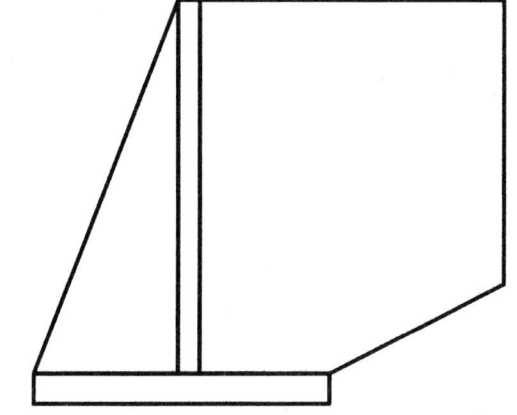 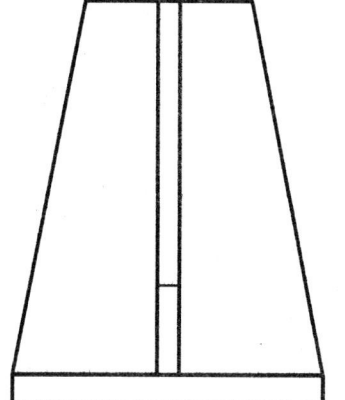

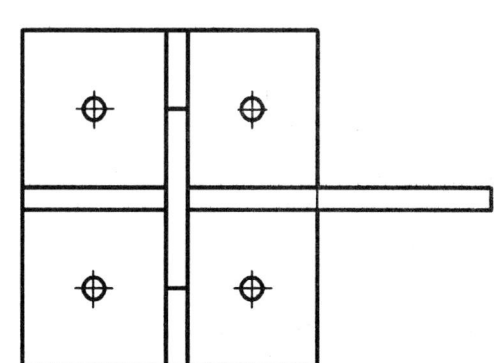

三、图样画法 3-1

班级　　　姓名　　　学号　　成绩

基本视图、辅助视图

1. 根据形体的正立面图和平面图补画它的左侧立面图、右侧立面图、背立面图和底面图。

底面图

右侧立面图　　正立面图　　左侧立面图　　背立面图

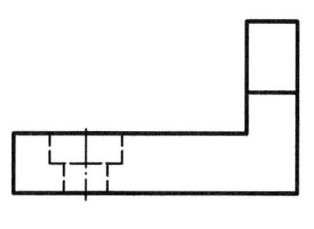

平面图

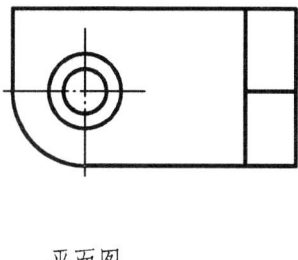

2. 根据形体的正立面图画出箭头方向所指的斜视图和局部视图。

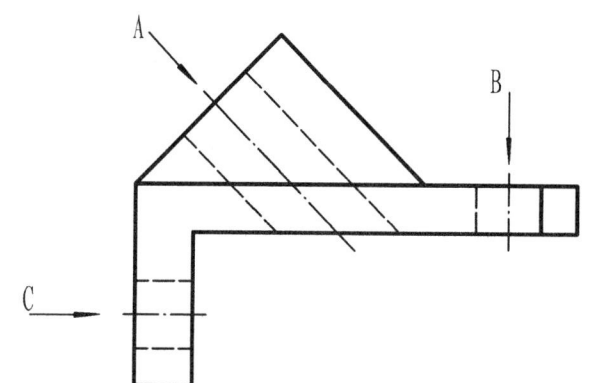

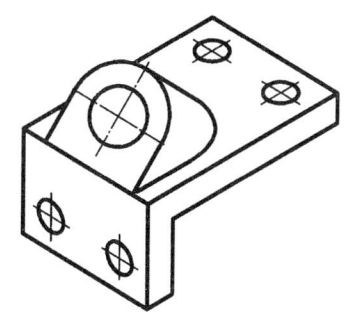

三、图样画法 3-2　　　　班级　　姓名　　学号　　成绩

补画形体的剖面图（一）

1.

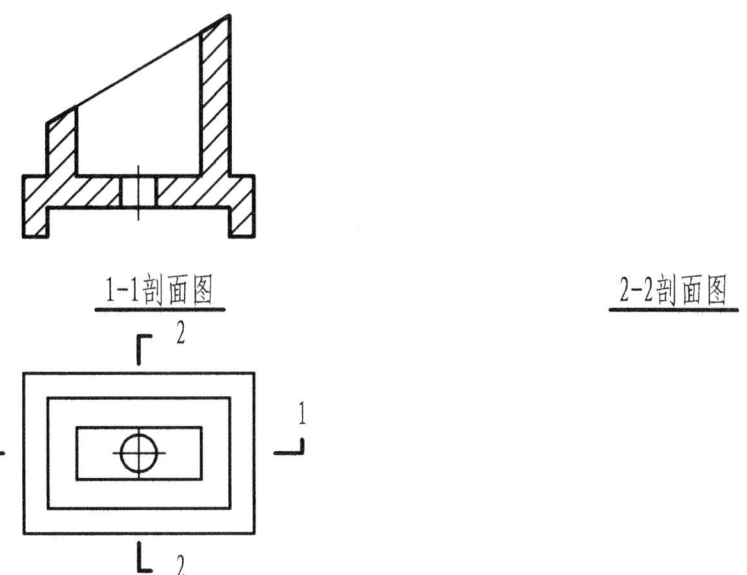

1-1剖面图

2.

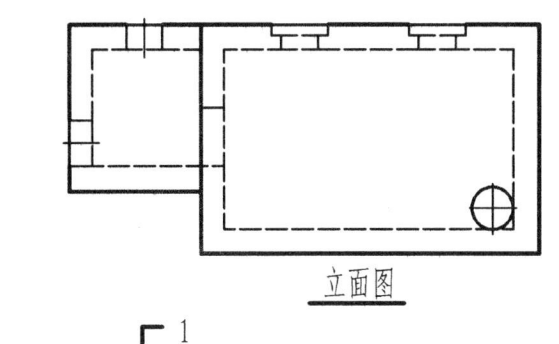

立面图

平面图

3.

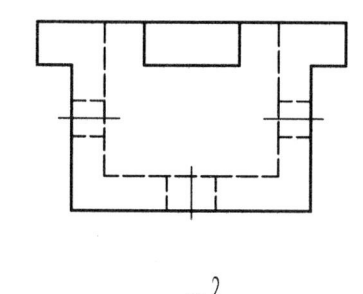

2-2剖面图

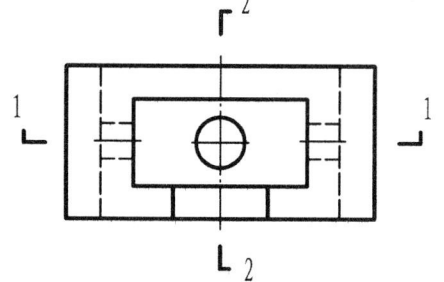

1-1剖面图

2-2剖面图

1-1剖面图

4.

1-1剖面图

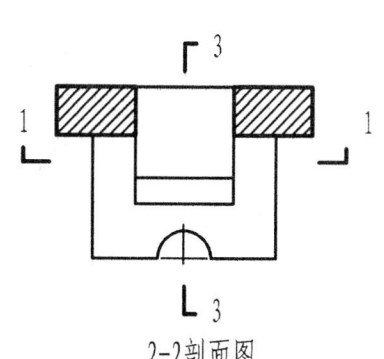

3-3剖面图

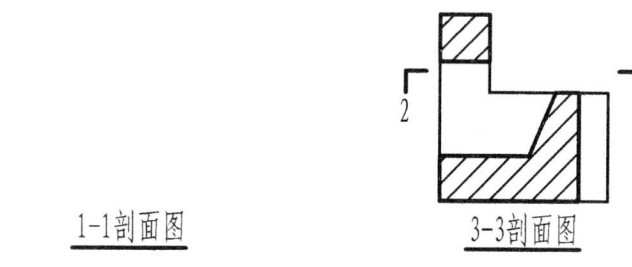

2-2剖面图

三、图样画法 3-3　　　班级　　姓名　　学号　　成绩

补画形体的剖面图（二）

1.
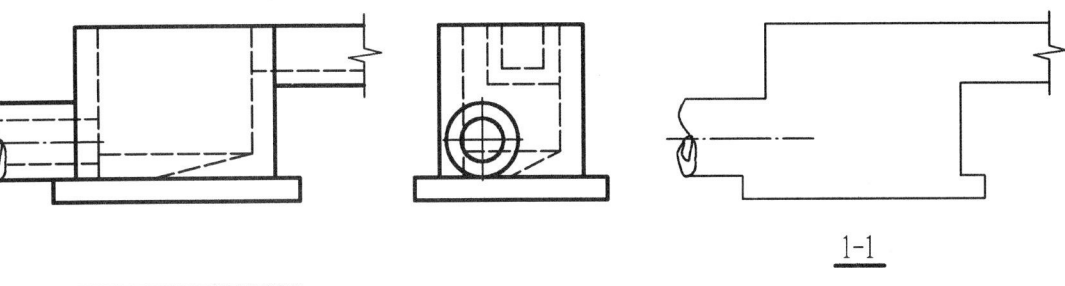
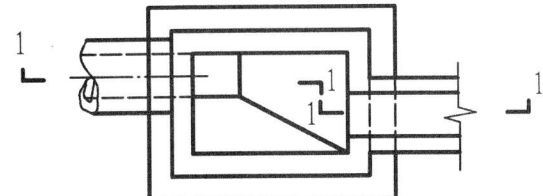

2.
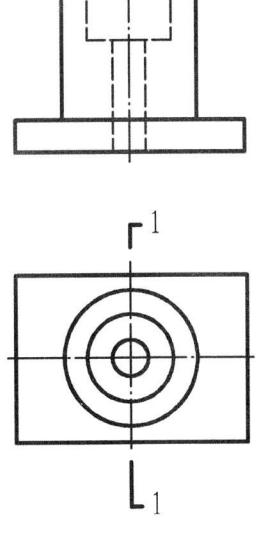
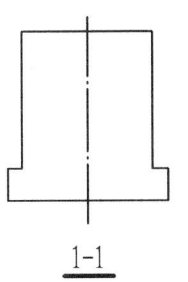

3.
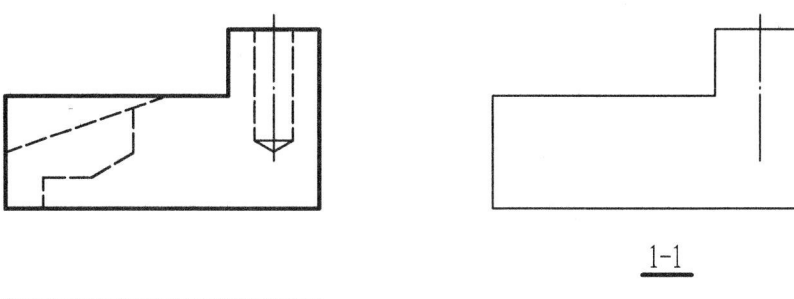
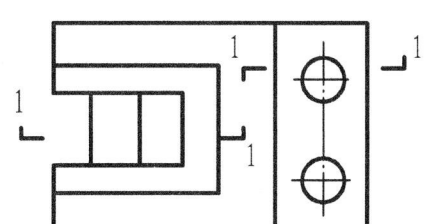

4.
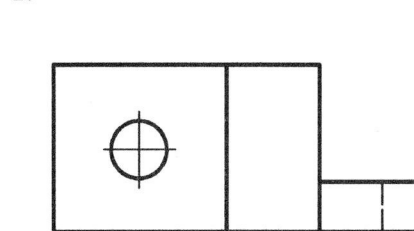
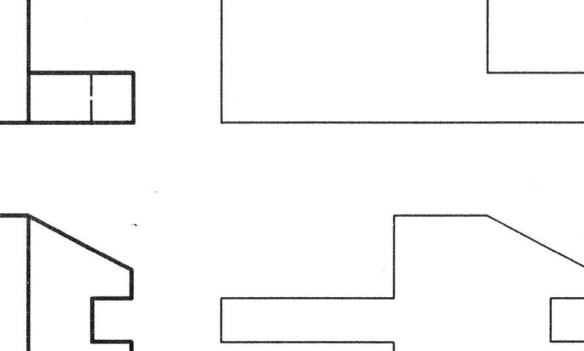
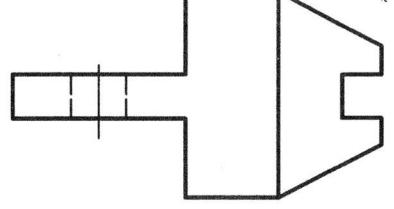

三、图样画法 3-4　　　班级　　姓名　　学号　　成绩

画出形体指定位置的断面图

1.

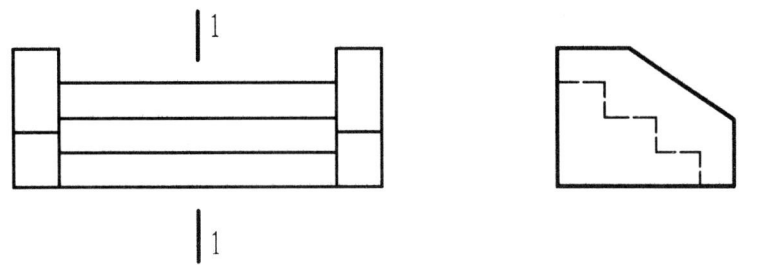

1-1断面

2.

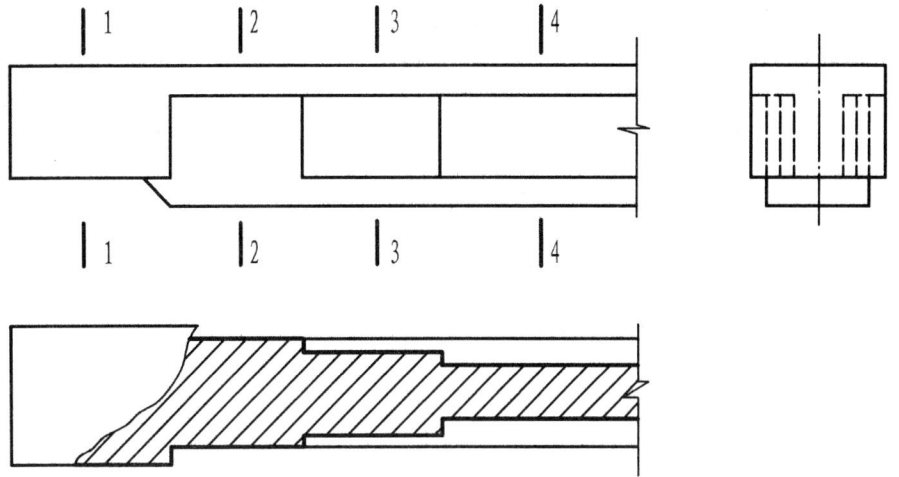

1-1断面　　2-2断面　　3-3断面　　4-4断面

3.

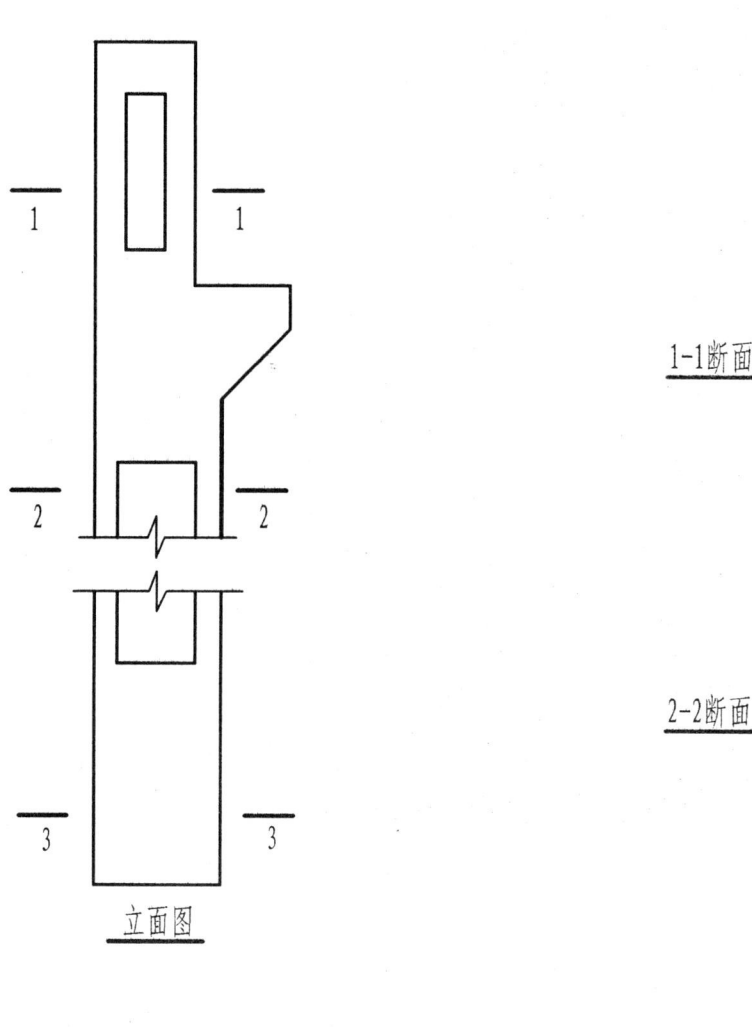

1-1断面

2-2断面

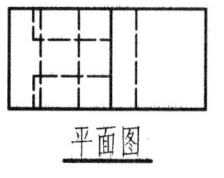

3-3断面

平面图

四、计算机绘图 4-1

基本知识（一）填空

请自学配套教材《土木工程制图》（以下简称为配套教材）第4章，并完成下列习题。

(1) 使用向导建立新图时按我国的工程制图标准，A3图纸的范围"ARER"一项应为_____（宽×高）。单位"Units"一项应选择_____（英文）_____（中文）。设置一个A1幅面1:100的电子纸应该设置其长_____，宽_____。向导建立新图时，有_____种模式，一般宜选_____模式。5号字的高度在1:50的图中应设置成_____。

(2) 建立一张新图的命令原名为_____，热键为_____；打开文件的命令原名为_____，热键为_____；"擦除"的命令原名为_____，热键为_____；文件存盘的命令原名为_____，热键为_____。

(3) 在AutoCAD 2004中文版中，"另存为"命令可以将文件存成"AutoCAD 2004图形"格式，或"AutoCAD_____图形"格式。

(4) 绘制直线的命令主要有_____和_____。

(5) 图层命令的原名为_____，主要用于区分图线的_____、_____等特性。

(6) 使用尺寸定义命令_____定义尺寸样式时，需按____ ____不同来定义。

(7) 命令的输入方式有以下几种：
①命令行；②_____；③_____；④光标菜单；⑤工具选项板等。

(8) 异常情况下文件的恢复可使用系统自动存盘的文件，该文件名称为_____，恢复时应将该文件的后缀改成_____。

(9) 若需修改自动存盘的时间，其命令名为_____，缺省单位为_____。画图时如果想快速存盘可使用的热键为_____。

(10) 异常退出AutoCAD往往会造成正在编辑文件的损坏，若想使用备份文件"*.bak"，可将该文件改成_____后即可使用。

(11) "*.dwf"格式文件，是AutoCAD的_____格式，由_____产生。AutoCAD中笔宽设置的结果保存在_____文件中。

(12) 数据的输入方式有绝对坐标和相对坐标之分，绝对直角坐标的形式为_____，相对极坐标的形式为_____。

(13) 绘制对称图形时，如果想镜像复制则需_____，如果想镜像移动则需_____。

四、计算机绘图 4-2

班级　　　姓名　　　学号　　　成绩

基本知识（二）简答

1. 简述比例和比例因子的关系，并写出比例因子的主要应用对象，指出在何种场合需要使用比例因子。简述绘图比例和打印比例的关系，并给出一种实施方案。

2. 简述模型卡和图纸布局卡的不同用途。指出模型空间和图纸空间的异同，并说明如何利用一张布局卡发布多个不同比例的图。

3. 简述如何利用阵列和变形伸缩命令相结合，快速构建图形的框架结构。如何使用编辑命令和绘图命令相结合快速绘图，并举例说明。

4. 图案填充时，若未能出现所需的图案，可能有哪些原因，试加以分析。

四、计算机绘图 4-3

基本知识（二）简答

5. 利用镜像命令镜像图形时，若文字也镜像了，应如何修改？

6. 简述标注文字和书写段落篇章在AutoCAD中的两种不同命令的操作要点。

7. 简述如何设置一种尺寸样式，使其既能标注线性尺寸又能标注直径和半径（建筑类尺寸样式）等。

8. 绘图中经常用到实心箭头，试述你的解决方案。

四、计算机绘图

计算机基本绘图作业指导书

作业三　计算机基本绘图指导书

1. 目的

（1）熟悉计算机绘图的内容和一般表达方式。

（2）掌握计算机绘图的方法和步骤。

2. 内容

根据指定的要求抄绘附图：计算机基本绘图。

3. 要求

（1）图名：计算机基本绘图。

（2）比例：1∶100。

（3）字体：汉字为长仿宋体，图中汉字用5号字，图名用7号字。图中字母、尺寸数字、编号用3.5号字。

（4）图中尺寸仅为图形定形定位之用，最终不需标注尺寸。

4. 附图

与作业相关的计算机基本绘图附图见本习题集4-4。

四、计算机绘图 4-4

作业三 计算机基本绘图附图

1. 阴阳图

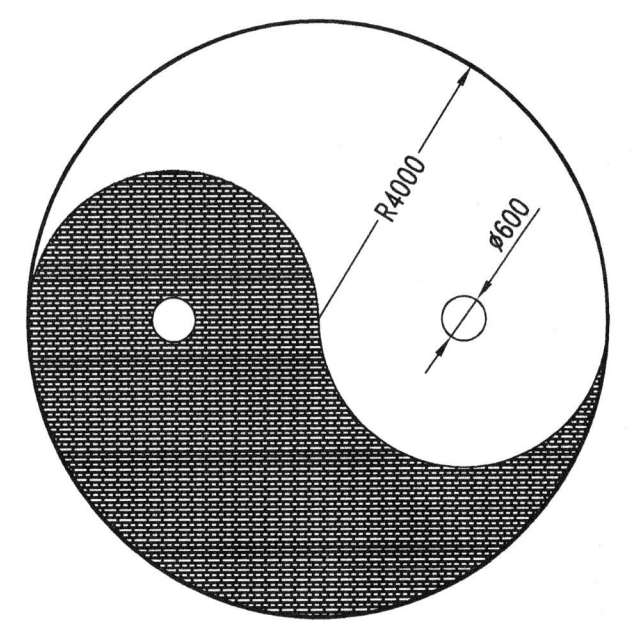

3. 常用符号

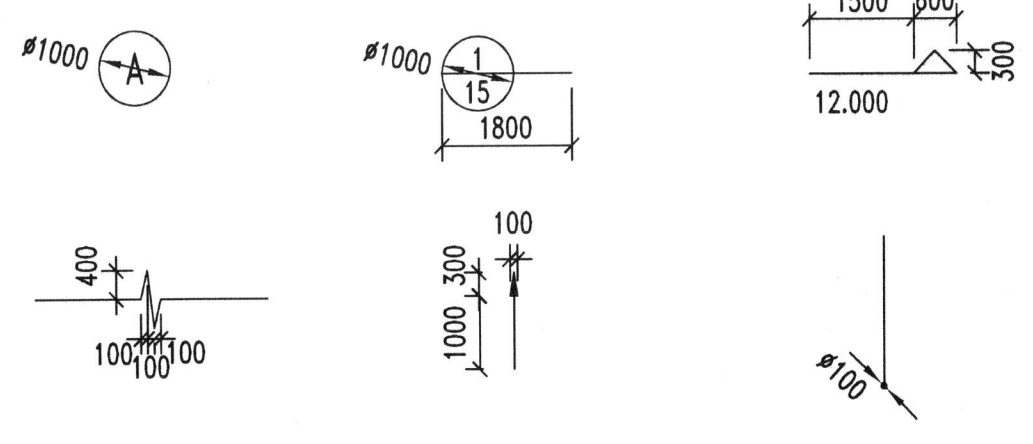

2. 根据(a)图用环形阵列生成(b)图所示的扇子。

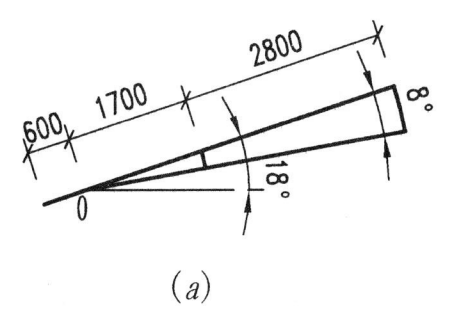

(a)

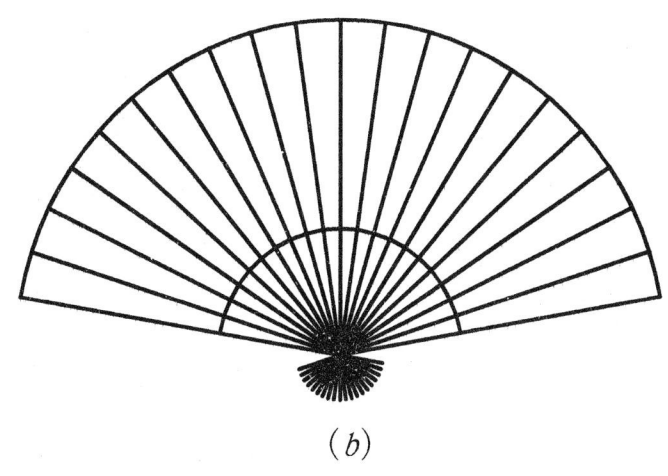

(b)

注：本页图中尺寸仅供绘图用，练习时不需标注。

五、建筑施工图

建筑平面图作业指导书

作业四　建筑平面图

1. 目的

（1）熟悉建筑平面图的内容和一般表达方式。

（2）掌握绘制建筑平面图的方法和步骤。

2. 内容

请在熟悉配套教材第5章的内容后，抄绘附图：某公寓的一层平面图。

3. 要求

（1）图纸：3号白图纸、透明描图纸各一张。

（2）图名：一层平面图。

（3）比例：1：100。

（4）图线：剖切到的墙线宽画0.7mm，未剖切到的可见轮廓线宽画0.35mm，定位轴线、尺寸线等画0.18mm。

（5）字体：汉字为长仿宋体，图中汉字用5号字，图名用7号字。图中字母、尺寸数字、编号用3.5号字。

（6）图面整洁，层次分明，字体工整，尺寸无误，作图准确。

4. 绘图步骤（详见配套教材第5章）

（1）先画草图，草图在白图纸上用H型铅笔（轻、细）绘制。

（2）再上墨线，墨线图在透明描图纸上用针管笔绘制。上墨时注意，同一方向和同一种宽度的线尽可能一次完成。

（3）最后注写文字、尺寸。

5. 附图

与作业相关的"建筑平面图"附图见本习题集5-1，其中细部尺寸附图如25页所示。

五、建筑施工图

建筑平面图细部尺寸附图

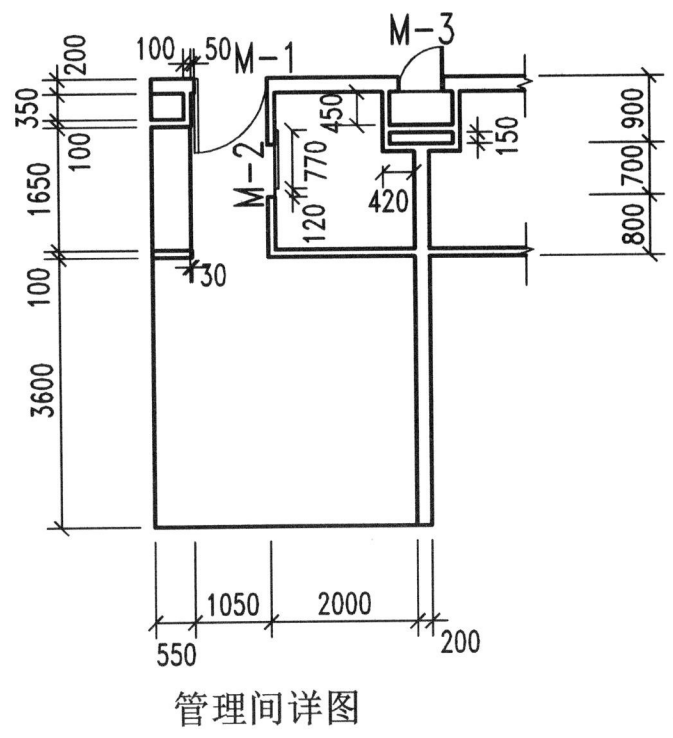

管理间详图

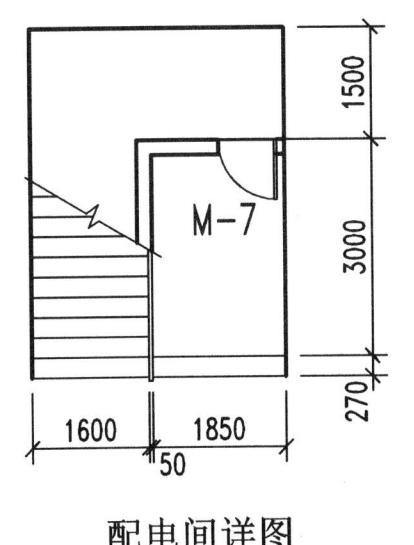

配电间详图

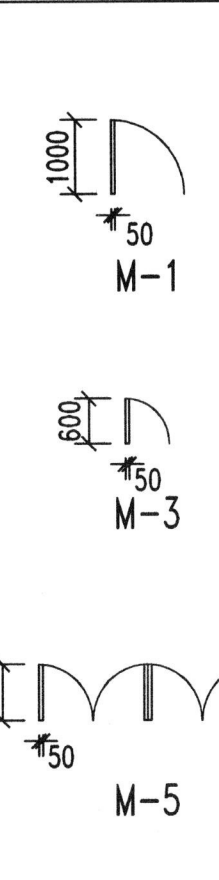

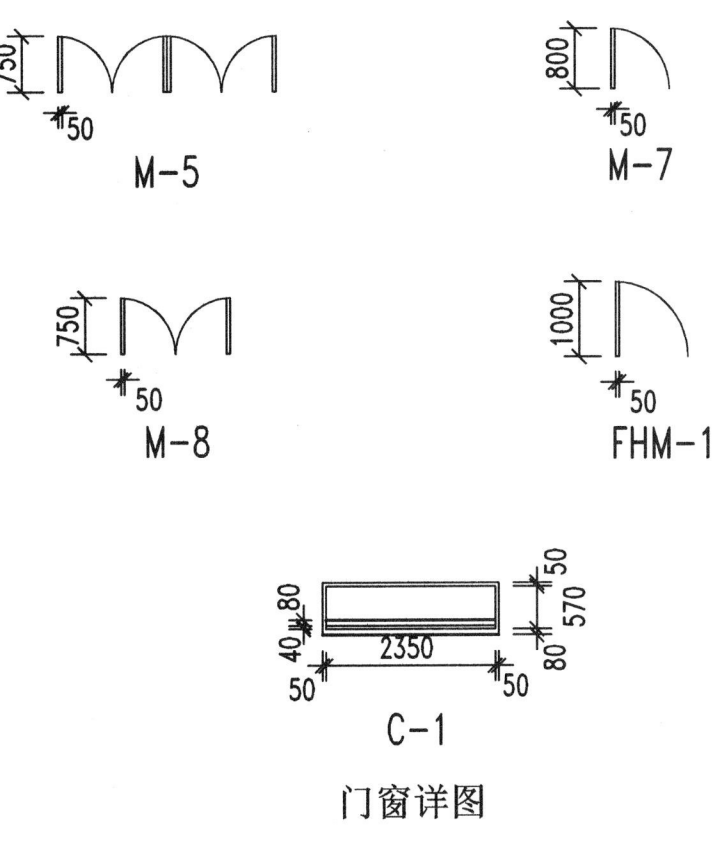

门窗详图

五、建筑施工图 5-1

作业四 建筑平面图附图

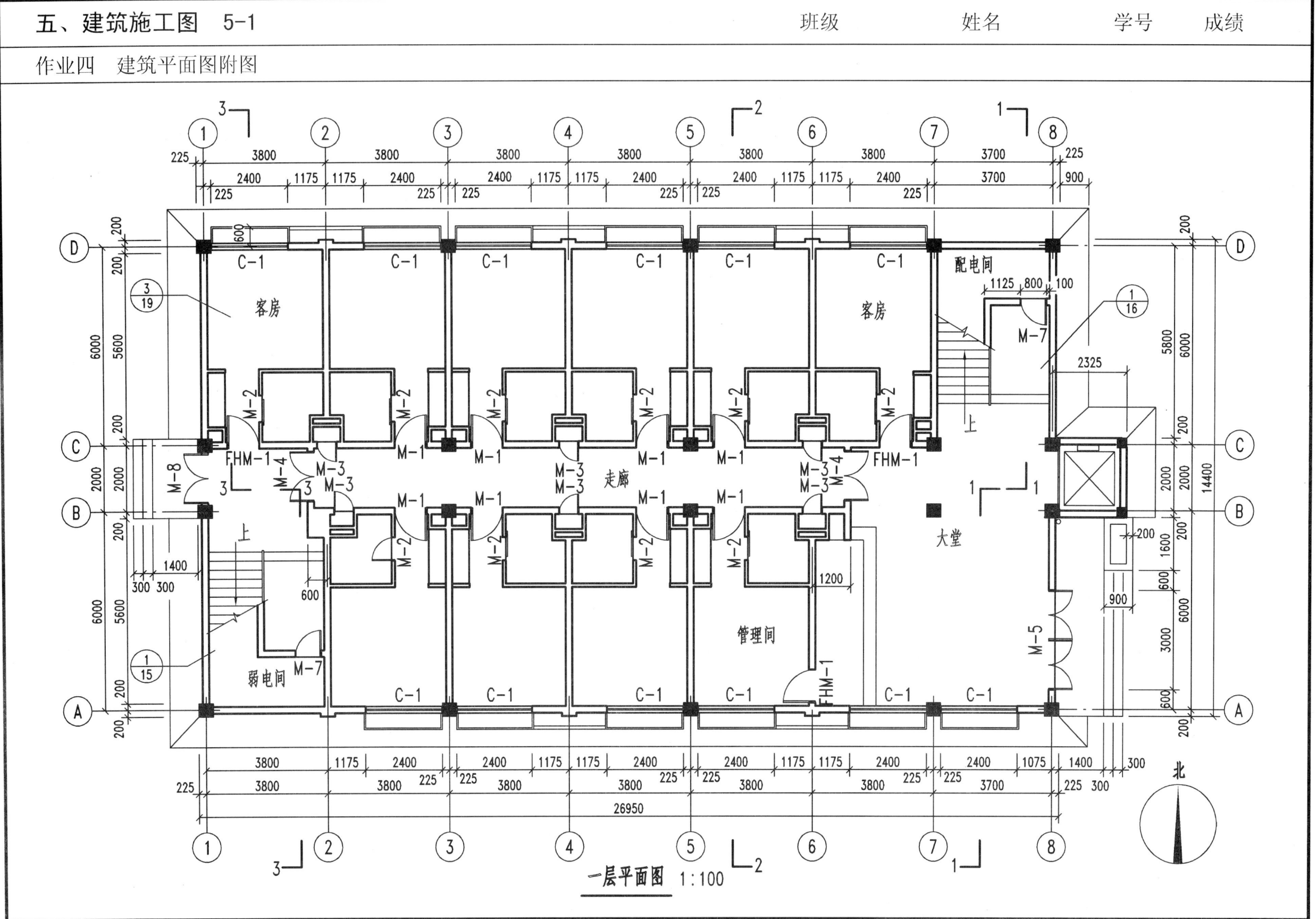

五、建筑施工图

建筑立面图作业指导书

作业五 建筑立面图

1. 目的

（1）熟悉建筑立面图的内容和一般表达方式。

（2）掌握绘制建筑立面图的方法和步骤。

2. 内容

请在熟悉配套教材第5章的内容后，抄绘附图：某公寓①～⑧立面图。

3. 要求

（1）图纸：3号白图纸、透明描图纸各一张。

（2）图名：①～⑧立面图。

（3）比例：1:100。

（4）图线：外轮廓线画0.7mm，轮廓内的凸起部分如墙、雨篷、阳台、台阶线画0.35mm，门窗分隔线、说明引出线、定位轴线、标高符号线等画0.18mm。室外地坪线画1.0mm。

（5）字体：汉字为长仿宋字，图中文字用5号字，图名用7号字。图中字母、尺寸数字、编号用3.5号字。

（6）图面整洁，层次分明，字体工整，尺寸无误，作图准确。

4. 绘图步骤（详见配套教材第5章）

（1）先画草图，草图在白图纸上用H型铅笔（轻、细）绘制。

（2）再上墨线，墨线图在透明描图纸上用针管笔绘制。上墨时注意，同一方向和同一种宽度的线尽可能一次完成。

（3）最后注写文字、尺寸。

5. 附图

与作业相关的"某公寓①～⑧立面图"附图见本习题集5-2，其中细部尺寸如下所示。

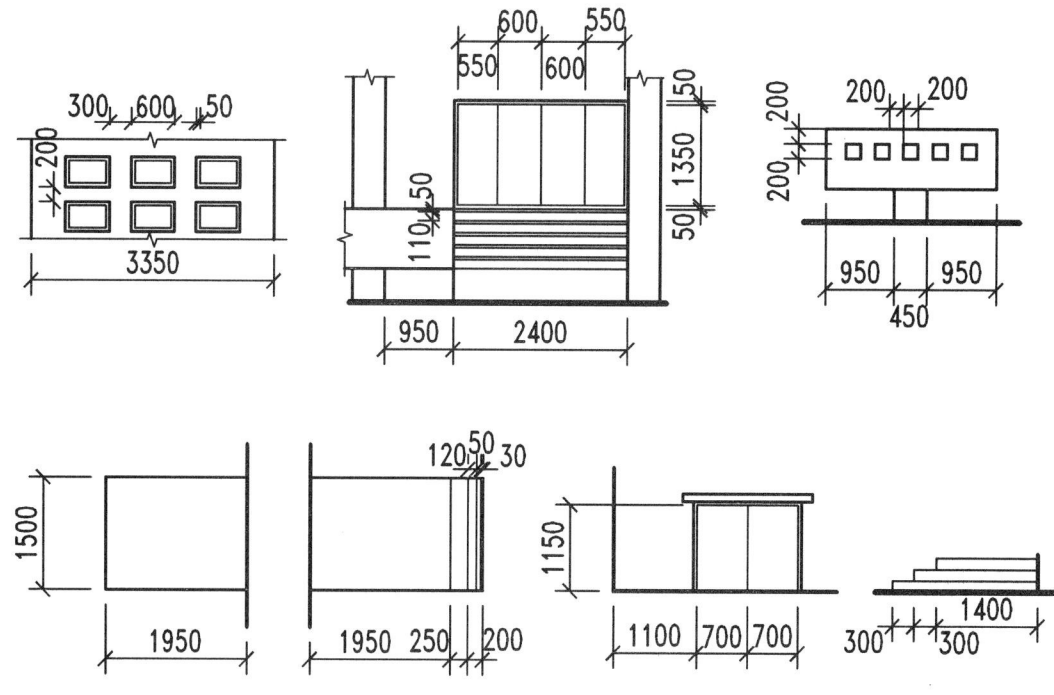

五、建筑施工图 5-2

作业五　建筑立面图附图

①～⑧立面 1:100

五、建筑施工图

建筑剖面图作业指导书

作业六　建筑剖面图

1. 目的

(1) 熟悉建筑剖面图的内容和一般表达方式。

(2) 掌握绘制建筑剖面图的方法和步骤。

2. 内容

请在熟悉配套教材第5章的内容后，抄绘附图：某公寓1-1剖面图。

3. 要求

(1) 图纸：3号白图纸、透明描图纸各一张。

(2) 图名：1-1剖面。

(3) 比例：1:100。

(4) 图线：剖切到的墙线画0.7mm，钢筋混凝土构件涂黑，未剖切到的可见轮廓线画0.35mm，图例线、定位轴线、尺寸线画0.18mm。地面线画1.00mm。

(5) 字体：汉字为长仿宋字，图中文字用5号字，图名用7号字。图中字母、尺寸数字、编号用3.5号字。

(6) 图面整洁，层次分明，字体工整，尺寸无误，作图准确。

4. 附图

与作业相关的"某公寓1-1剖面图"附图见本习题集5-3，其中细部尺寸如下所示。

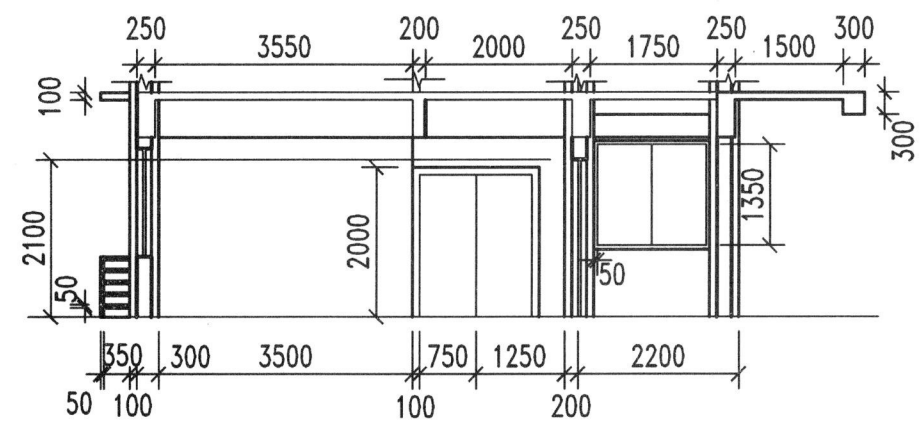

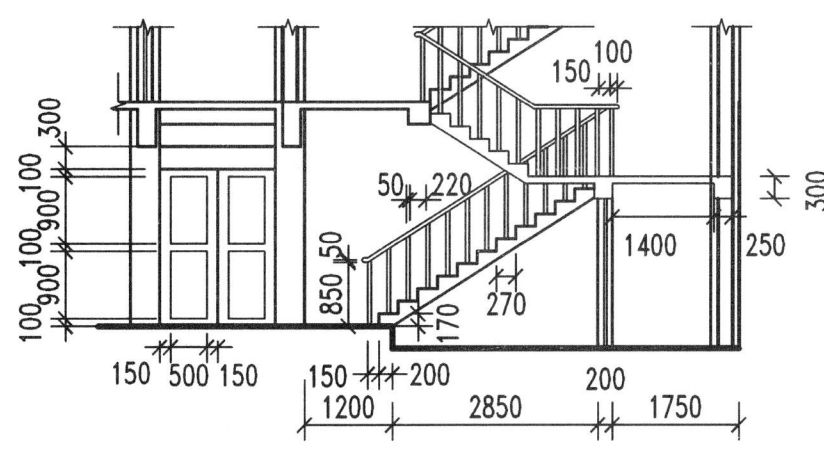

五、建筑施工图　5-3

作业六　建筑剖面图附图

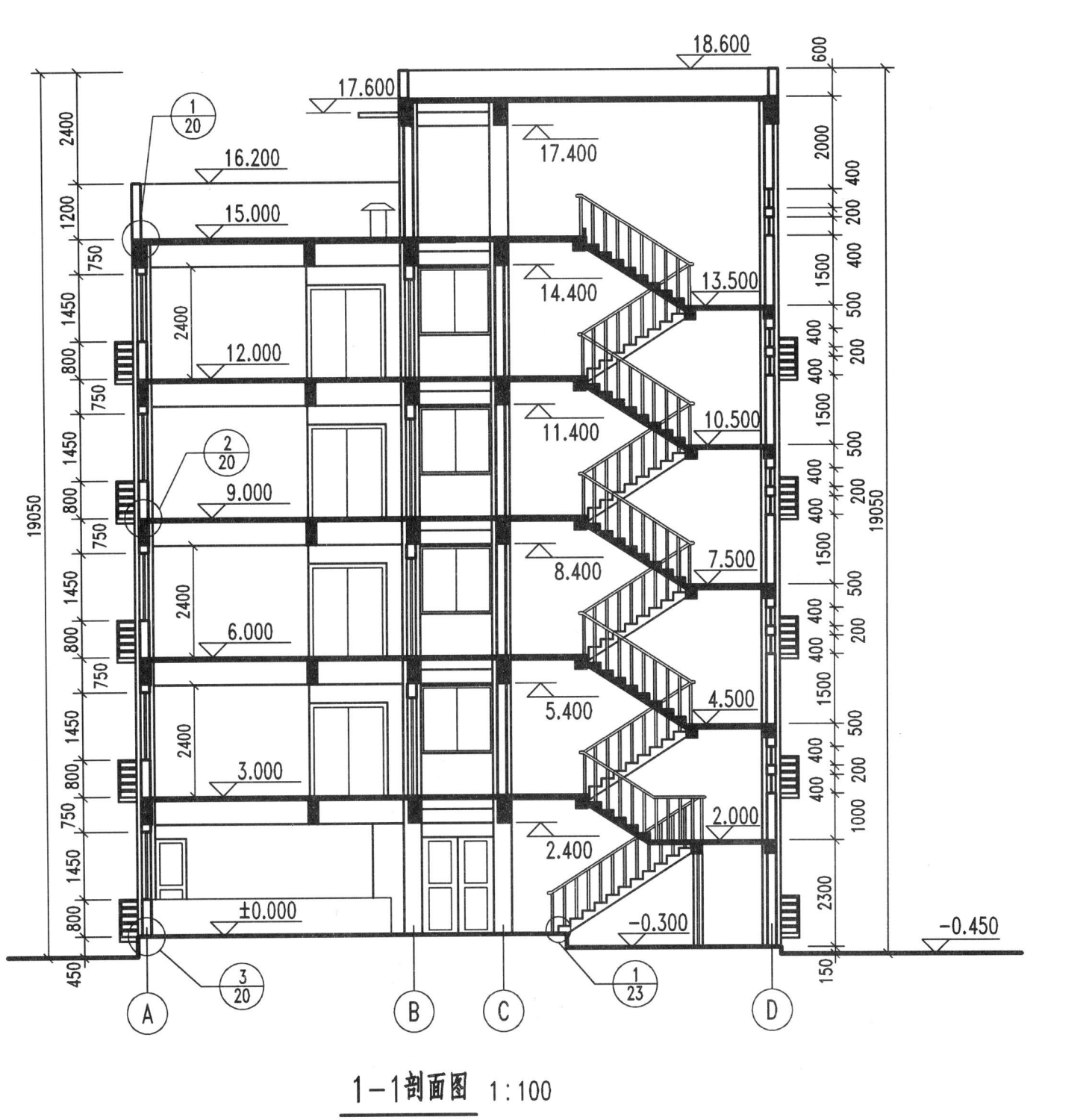

1—1剖面图　1:100

六、结构施工图 6-1

概述、钢筋混凝土结构的基本知识及图示方法

请自学配套教材第6章，并完成下列习题。

（1）在房屋设计中，除了需要进行建筑设计画出建筑施工图以外，还需要＿＿＿＿＿＿＿＿＿＿＿＿＿＿＿＿＿＿＿。建筑施工图主要反映建筑的内部布局、外部造型及详细的节点构造，但对于＿＿＿＿＿＿＿＿＿＿＿是如何进行组合的，这部分内容在建筑施工图中并没有表述，而是需要由结构施工图来完成。

（2）结构施工图是在＿＿＿＿＿＿＿＿＿＿＿＿＿＿＿的基础上绘制出来的表达房屋承重构件情况的图纸，结构设计是根据建筑的要求对房屋进行＿＿＿＿＿＿＿＿＿＿＿＿＿＿，然后通过结构计算获得＿＿＿＿＿＿＿＿＿＿＿＿＿＿＿的过程。

（3）一套完整的结构施工图一般包括＿＿＿＿＿＿＿＿＿等。

（4）绘制结构施工图应根据＿＿＿＿＿＿＿＿＿，优先选用常用比例，在特殊情况下也可选用可用比例。在一张图纸中＿＿＿＿＿＿＿＿＿＿＿＿也可选用不同的比例绘制。

（5）结构施工图中布置了多种多样的结构构件，为了＿＿＿＿＿＿，构件名称宜用代号表示。代号后应用＿＿＿＿＿＿＿标注该构件的型号或编号，也可以标注构件的顺序号。构件的顺序号采用＿＿＿＿＿＿＿＿＿＿。

（6）结构图应采用＿＿＿＿＿＿＿投影法绘制，特殊情况下也可采用仰视投影绘制。在结构平面图中，构件应采用＿＿＿＿＿表示，如能用单线条表示清楚时，也可用单线条表示。

（7）结构施工图是建筑施工图的配合图，因此结构施工图上凡是与建筑施工图相同部位的轴线编号应＿＿＿＿＿＿＿＿。

（8）结构施工图是在建筑施工图的基础上绘制出来的，故结构施工图与建筑施工图相关部分的尺寸应相符，但不完全相同。结构施工图中标注的尺寸是＿＿＿＿＿＿＿＿＿＿＿＿＿，即不包括＿＿＿＿＿＿＿＿＿＿＿；结构施工图中标注的标高是＿＿＿＿＿＿＿＿＿＿＿，即不包括＿＿＿＿＿＿＿＿。

（9）混凝土是由＿＿＿＿＿＿＿＿＿＿按一定比例混合，经搅拌、浇注、凝固、养护而制成的。用混凝土制成的构件又称为刚性构件，它的特点是＿＿＿＿＿＿＿＿＿＿高，而＿＿＿＿＿＿＿＿＿低。

（10）每一种钢筋等级的钢筋根据其直径大小进行划分，钢筋直径有＿＿＿＿＿＿＿＿＿＿＿＿＿＿＿＿14个等级。

六、结构施工图

基础结构平面图作业指导书

作业七 基础结构平面图

1. **目的**

   （1）学习结构布置图的表达内容和要求。

   （2）掌握绘制楼层结构布置平面图的方法和步骤。

2. **内容**

   根据附图，抄绘该基础结构平面图详图，并标注尺寸。

3. **要求**

   （1）图纸：3号图纸。

   （2）图名：基础结构平面图。

   （3）比例：1∶100。

   （4）图线：墨线图。梁的位置用粗点划线，梁及构件的轮廓线用中线，其余均为细线。

   （5）字体：图中的尺寸数字采用3.5号字，图名用7号字，其余用5号字。

   （6）布图匀称，作图准确，图线粗细分明，尺寸无误，字体端正。

4. **绘图步骤**

   （1）先画草图，草图在白图纸上用H型铅笔（轻、细）绘制。

   （2）再上墨线，墨线图在透明描图纸上用针管笔绘制。上墨时注意，同一方向和同一种宽度的线尽可能一次完成。

   （3）最后注写文字、尺寸。

5. **附图**

   基础结构平面图附图见本习题集6-2，其中细部尺寸如下图所示。

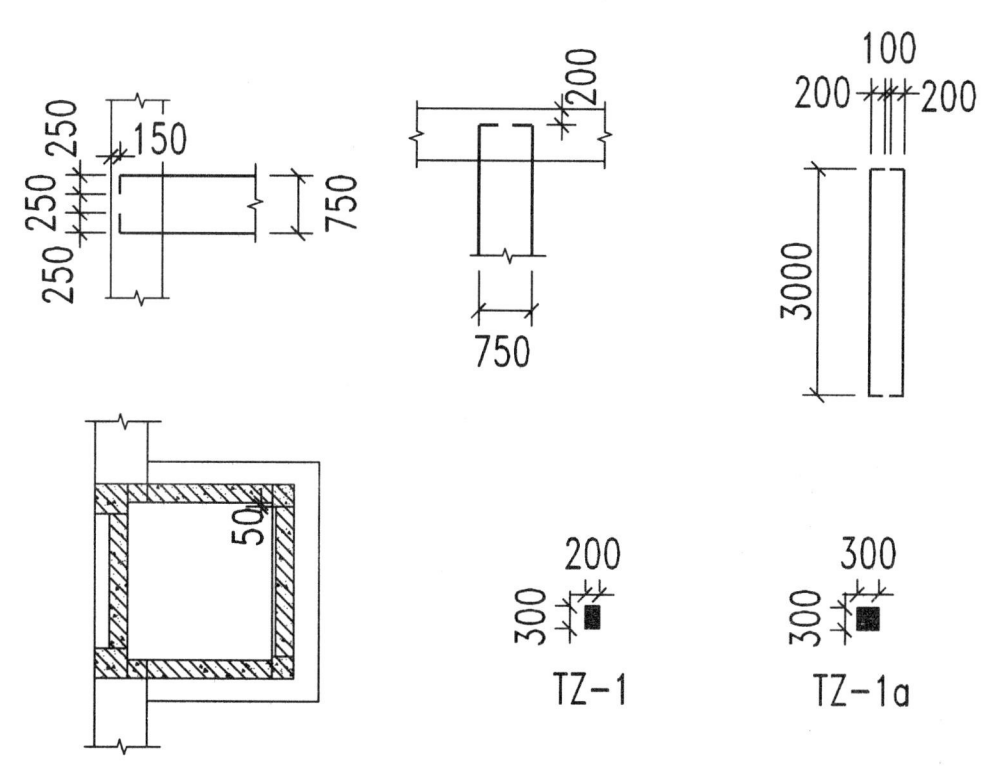

六、结构施工图 6-2

作业七　基础结构平面图附图

基础结构平面图 1:100

六、结构施工图

梁结构平面图作业指导书

作业八 梁结构平面图

1. 目的

（1）学习结构布置图的表达内容和要求。

（2）掌握绘制楼层结构布置平面图的方法和步骤。

2. 内容

根据附图，抄绘该梁结构平面图详图，并标注尺寸。

3. 要求

（1）图纸：3号图纸。

（2）图名：梁结构平面图。

（3）比例：1:100。

（4）图线：墨线图。梁的位置用粗点划线，梁及构件的轮廓线用中线，其余均为细线。

（5）字体：图中的尺寸数字采用3.5号字，图名用7号字，其余用5号字。

（6）布图匀称，作图准确，图线粗细分明，尺寸无误，字体端正。

4. 绘图步骤

（1）先画草图，草图在白图纸上用H型铅笔（轻、细）绘制。

（2）再上墨线，墨线图在透明描图纸上用针管笔绘制。上墨时注意，同一方向和同一种宽度的线尽可能一次完成。

（3）最后注写文字、尺寸。

5. 说明

（1）图中未定位的梁与轴线居中或与柱边平齐。

（2）图中主次梁相交处次梁每边均设3根附加箍筋，附加箍筋直径及肢数同主梁箍筋，未注明附加吊筋均采用2ϕ16。

（3）图中未注明的板的厚度为110mm，走廊及雨篷为100mm。

（4）平面配筋图中为注明钢筋均为ϕ8@120，未注明分布钢筋为ϕ8@200。

6. 附图

梁结构平面图附图见本习题集6-3。

六、结构施工图 6-3

作业八 梁结构平面图附图

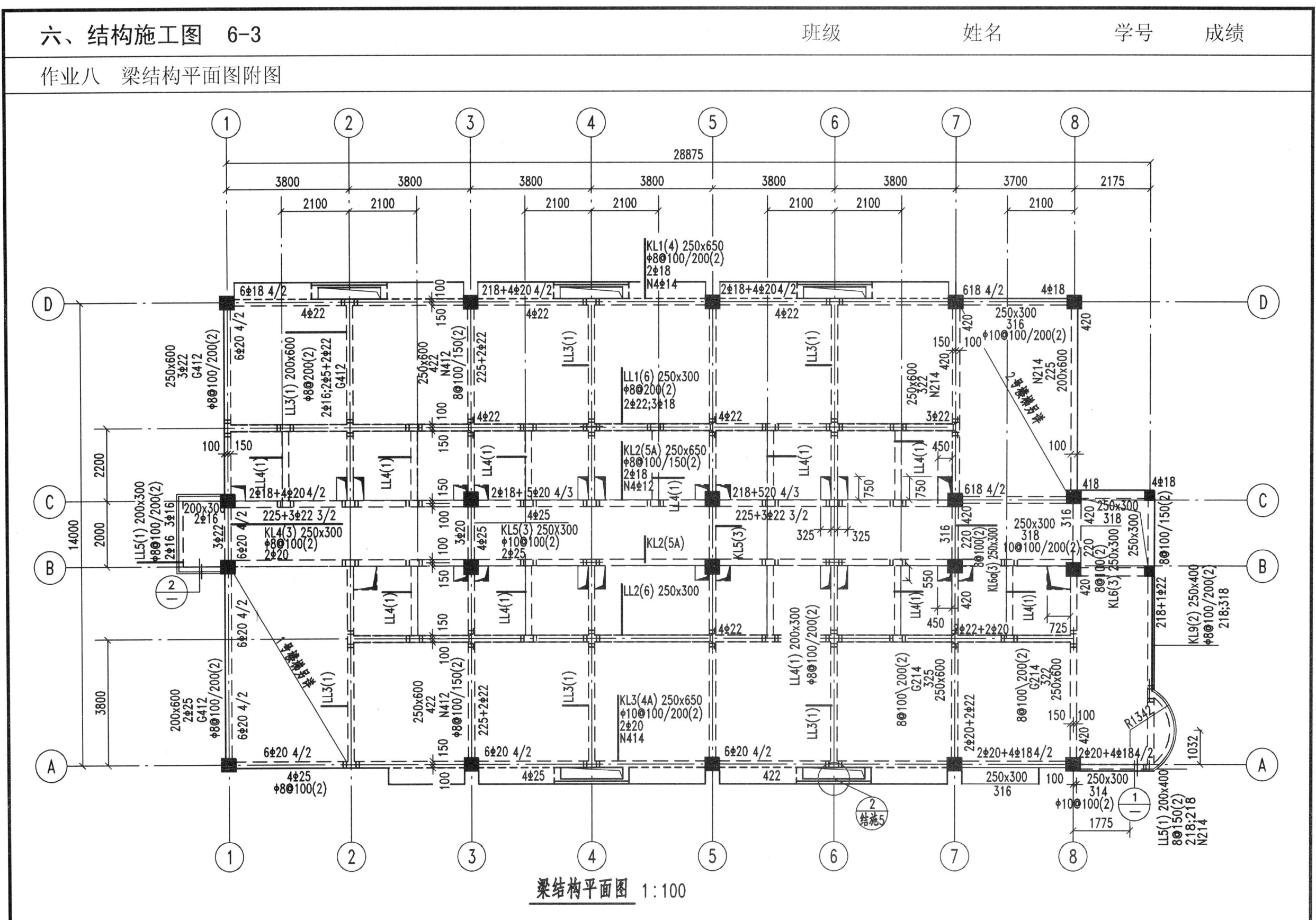

梁结构平面图 1:100

六、结构施工图

基础结构详图作业指导书

作业九 基础结构详图

1. 目的

（1）学习结构布置图的表达内容和要求。

（2）掌握绘制楼层结构布置剖面图的方法和步骤。

2. 内容

根据附图，抄绘该基础结构详图，并标注尺寸。

3. 要求

（1）图纸：A3绘图纸。

（2）图名：基础结构详图。

（3）比例：1∶30。

（4）图线：墨线图。梁的位置用粗点划线，梁及构件的轮廓线用中线，其余均为细线。

（5）字体：图中的尺寸数字采用3.5号字，图名用7号字，其余用5号字。

（6）布图匀称，作图准确，图线粗细分明，尺寸无误，字体端正。

4. 绘图步骤

（1）先画草图，草图在白图纸上用H型铅笔（轻、细）绘制。

（2）再上墨线，墨线图在透明描图纸上用针管笔绘制。上墨时注意，同一方向和同一种宽度的线尽可能一次完成。

（3）最后注写文字、尺寸。

5. 附图

基础结构详图附图见本习题集6-4。

六、结构施工图 6-4

班级　　　姓名　　　学号　　　成绩

作业九　基础结构详图附图

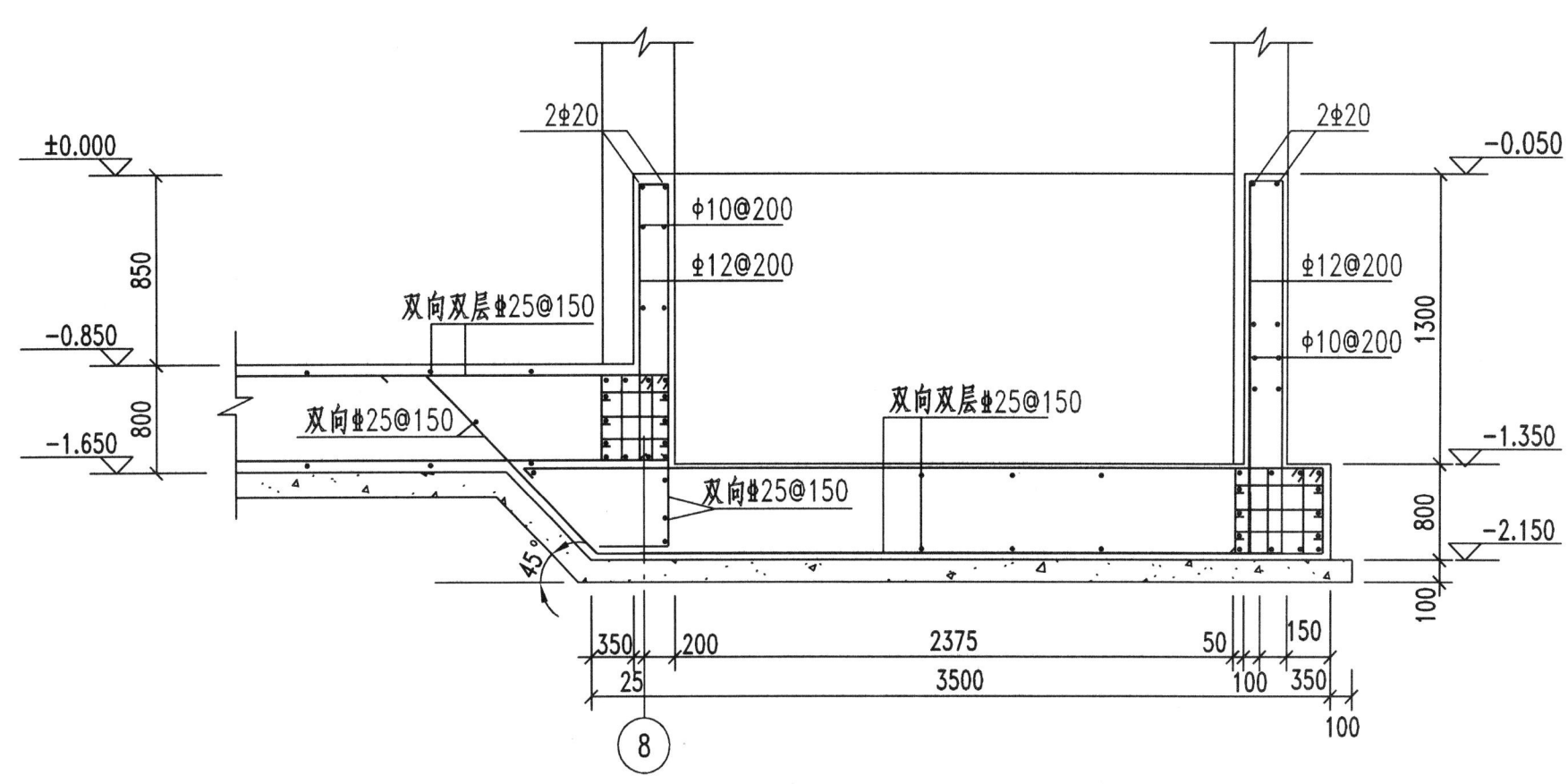

基础结构详图 1:30

六、结构施工图

柱结构平面图作业指导书

作业十 柱结构平面图

1. 目的

   (1) 学习结构布置图的表达内容和要求。

   (2) 掌握绘制楼层结构布置平面图的方法和步骤。

2. 内容

   根据附图,抄绘该柱结构平面图详图,并标注尺寸。

3. 要求

   (1) 图纸:A3绘图纸。

   (2) 图名:柱结构平面图。

   (3) 比例:1:100。

   (4) 图线:墨线图。梁的位置用粗点划线,梁及构件的轮廓线用中线,其余均为细线。

   (5) 字体:图中的尺寸数字采用3.5号字,图名用7号字,其余用5号字。

   (6) 布图匀称,作图准确,图线粗细分明,尺寸无误,字体端正。

4. 绘图步骤

   (1) 先画草图,草图在白图纸上用H型铅笔(轻、细)绘制。

   (2) 再上墨线,墨线图在透明描图纸上用针管笔绘制。上墨时注意,同一方向和同一种宽度的线尽可能一次完成。

   (3) 最后注写文字、尺寸。

5. 附图

   柱结构平面图附图见本习题集6-5。

六、结构施工图 6-5

作业十　柱结构平面图附图

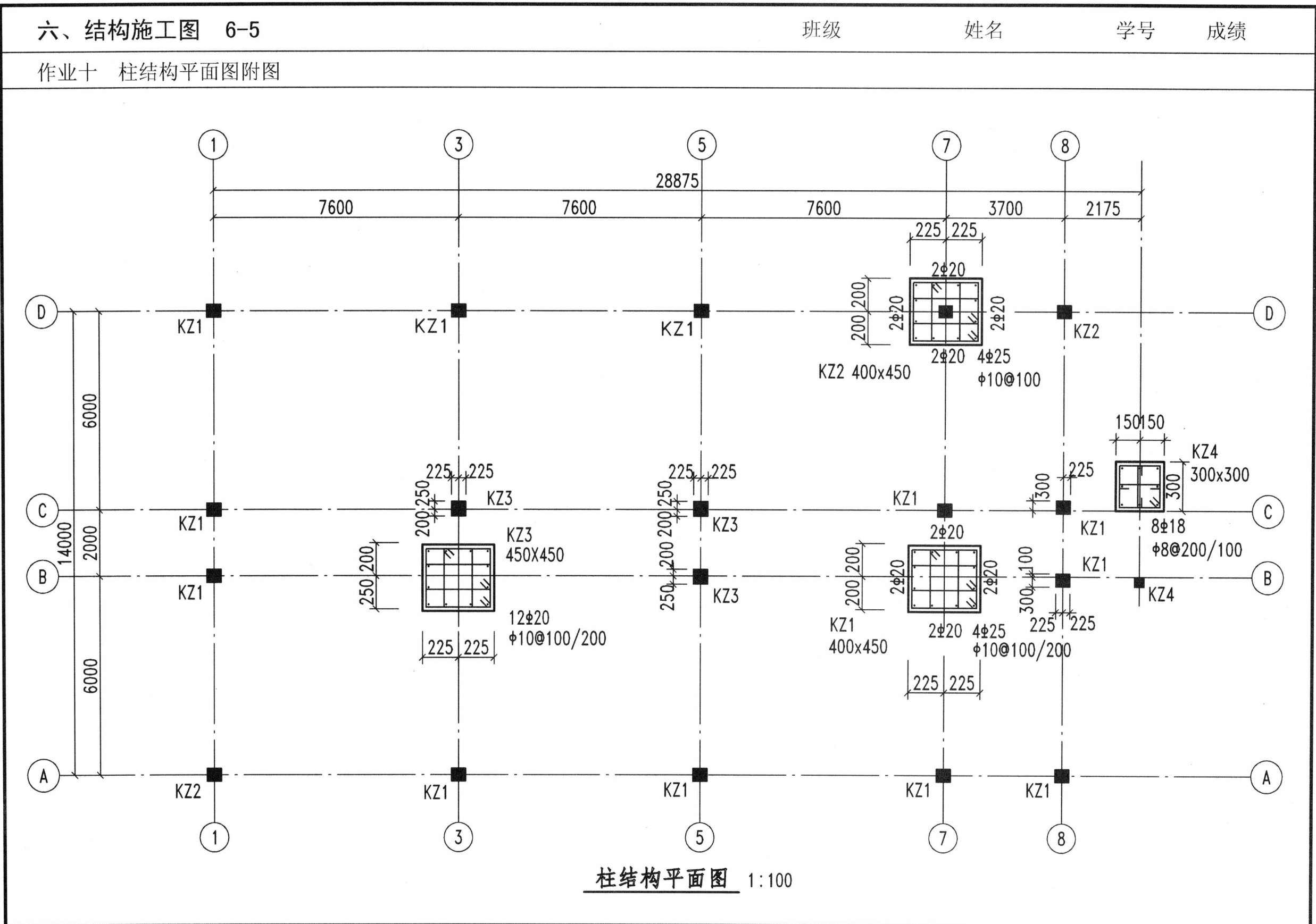

柱结构平面图　1:100

七、给水排水施工图　7-1

给水排水工程基础知识

请自学配套教材第7章，并完成下列习题。

（1）给水排水工程是现代城市建设的重要基础设施，它是由_____和_____两部分组成。_____是为居民生活或工业生产提供合格用水的工程，_____则是将居民生活或工业生产中产生的污、废水收集和排放出去的工程。它可以分为_____和_____。

（2）室外给水工程是指向民用和工业生产部门提供用水而建造的工程设施。一般包括_____及净水输送。

（3）室内给水工程是从室外给水管网引水，供室内各种用水设施用水的工程，按用途可分为四类：生活给水系统、_____。

（4）室内排水工程是将建筑物内部的_____排水室外管网的工程，按所排水性质的不同分为生活污水管道、_____。生活污水不得与_____合流，冷却系统排水可以排入_____。生活污水有时又分为_____（粪便水）和_____（洗涤池、淋浴用水）。室内排水工程一般包括_____。

（5）室外排水流程为窨井→_____→_____→_____→污水排放口。

（6）为了使管道与配件能够互相连接，其连接处的口径应保持一致。口径大小现在常用_____表示。也就是管道与配件的通用口径。一般阀门与铸铁管的公称直径等于_____，但钢管的公称直径与它的内、外径_____。

（7）室内给水排水施工图是建筑给水排水图中最基本的图样之一，一般包括_____安装和构造详图。

（8）给水施工平面图的形成是在本层_____用一水平面剖切的结果。

（9）根据配套教材中的房屋给水排水施工图，绘制甲型卫生间的给水排水管道平面图和系统图。

七、给水排水施工图

给水排水平面图作业指导书

作业十一　给水排水平面图

1. 目的

(1) 学习房屋给水排水施工图的表达内容和画法特点。

(2) 掌握绘制给水排水平面图的方法和步骤。

2. 内容

根据附图，抄绘室内给水排水平面图。

3. 要求

(1) 图纸：A3绘图纸。

(2) 图名：二层给水排水平面图。

(3) 比例：1∶100。

(4) 图线：用墨线或铅笔线绘制。粗线宽为0.7mm，中线宽为0.35mm，细线宽为0.18mm，给水管用粗线，排水管用粗虚线。房屋构件和卫生器具的轮廓线用中线或细线，其余用细线。

(5) 字体：图中的尺寸数字采用3.5号字，图名用7号字，其余采用5号字。

4. 绘图步骤

(1) 先画草图，草图在白图纸上用H型铅笔（轻、细）绘制。

(2) 再上墨线，墨线图在透明描图纸上用针管笔绘制。上墨时注意，同一方向和同一种宽度的线尽可能一次完成。

(3) 最后注写文字、尺寸。

5. 附图

给水排水平面图附图见本习题集7-2。

七、给水排水施工图 7-2

作业十一　给水排水平面图附图

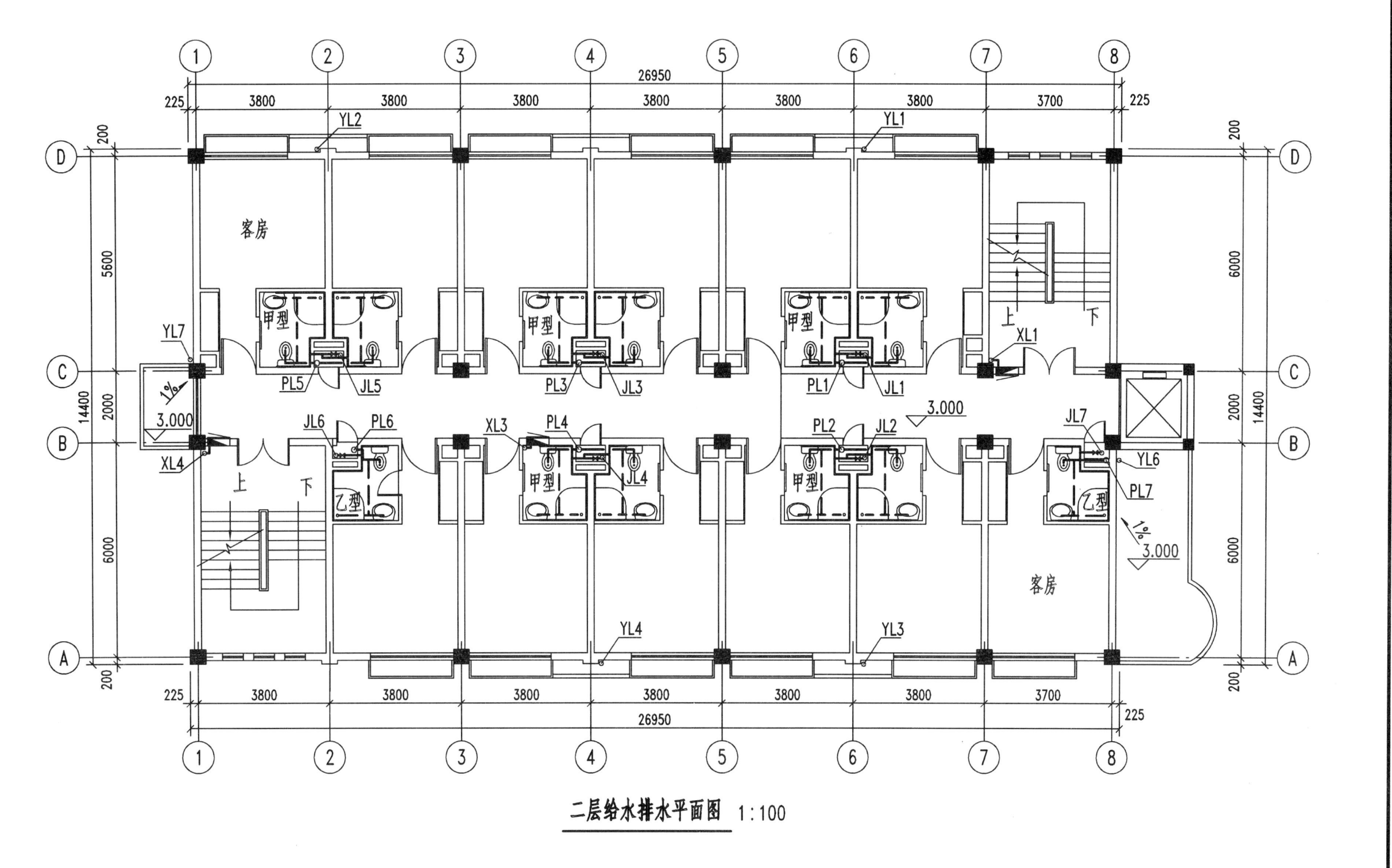

二层给水排水平面图　1:100

七、给水排水施工图

给水系统原理图作业指导书

作业十二 给水系统原理图

1. 目的

(1) 学习房屋给水排水施工图的表达内容和画法特点。

(2) 掌握绘制给水排水平面图的方法和步骤。

2. 内容

根据附图，抄绘室内给水系统原理图。

3. 要求

(1) 图纸：A3绘图纸。

(2) 图名：给水系统原理图。

(3) 比例：1∶100。

(4) 图线：用墨线或铅笔线绘制。粗线宽为0.7mm，中线宽为0.35mm，细线宽为0.18mm，给水管用粗线，排水管用粗虚线。房屋构件和卫生器具的轮廓线用中线或细线，其余用细线。

(5) 字体：图中的尺寸数字采用3.5号字，图名用7号字，其余采用5号字。

4. 绘图步骤

(1) 先画草图，草图在白图纸上用H型铅笔（轻、细）绘制。

(2) 再上墨线，墨线图在透明描图纸上用针管笔绘制。上墨时注意，同一方向和同一种宽度的线尽可能一次完成。

(3) 最后注写文字、尺寸。

5. 附图

给水系统原理图附图见本习题集7-3。

七、给水排水施工图 7-3

作业十二 给水系统原理图附图

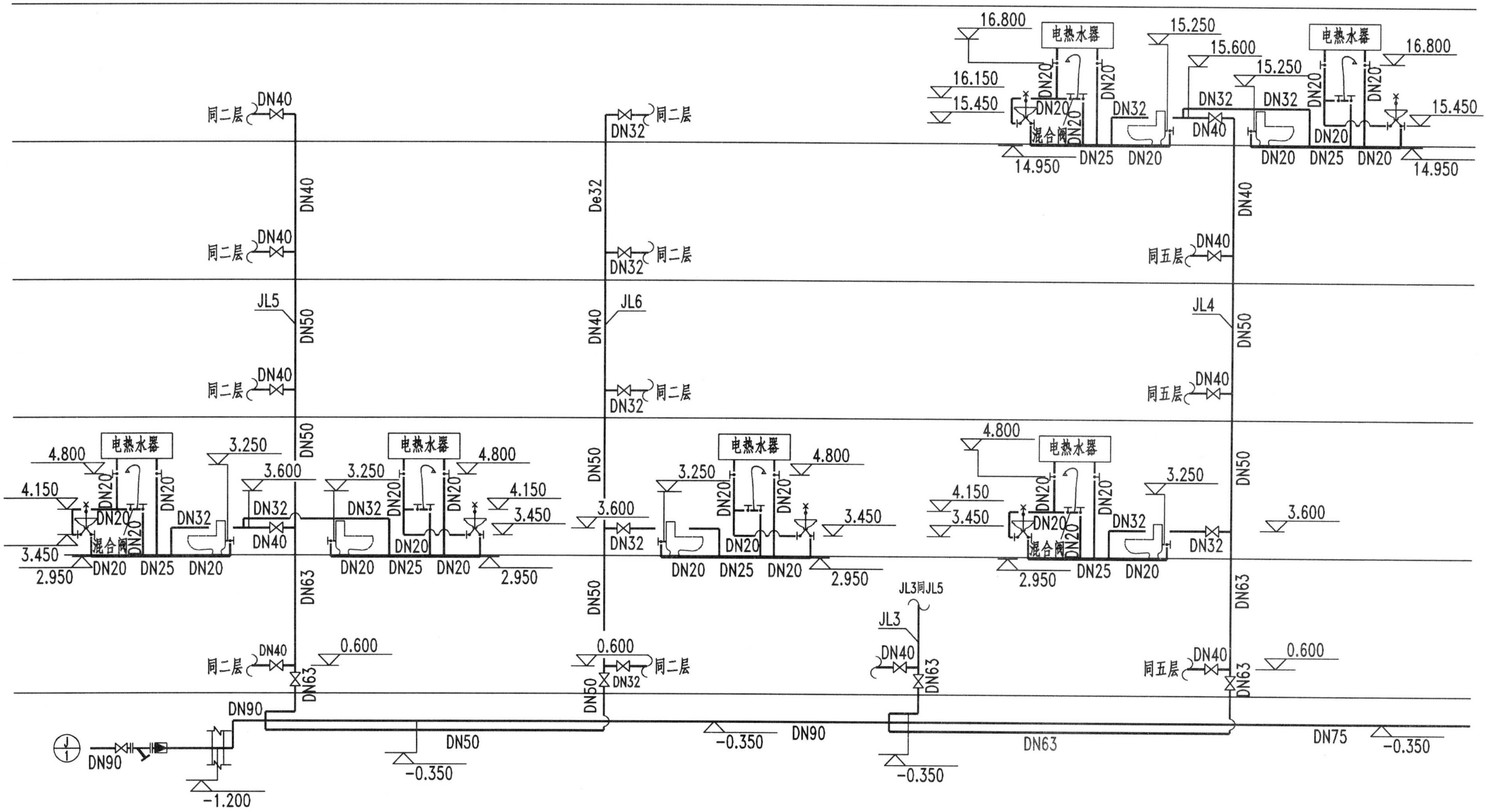

给水系统原理图 1:100

七、给水排水施工图

排水系统原理图作业指导书

作业十三　排水系统原理图

1. 目的

（1）学习房屋给排水施工图的表达内容和画法特点。

（2）掌握绘制给排水平面图的方法和步骤。

2. 内容

根据附图，抄绘室内排水系统原理图。

3. 要求

（1）图纸：A3绘图纸。

（2）图名：排水系统原理图。

（3）比例：1∶100。

（4）图线：用墨线或铅笔线绘制。粗线宽为0.7mm，中线宽为0.35mm，细线宽为0.18mm，给水管用粗线，排水管用粗虚线。房屋构件和卫生器具的轮廓线用中线或细线，其余用细线。

（5）字体：图中的尺寸数字采用3.5号字，图名用7号字，其余采用5号字。

4. 绘图步骤

（1）先画草图，草图在白图纸上用H型铅笔（轻、细）绘制。

（2）再上墨线，墨线图在透明描图纸上用针管笔绘制。上墨时注意，同一方向和同一种宽度的线尽可能一次完成。

（3）最后注写文字、尺寸。

5. 附图

排水系统原理图附图见本习题集7-4。

七、给水排水施工图 7-4

作业十三 排水系统原理图附图

排水系统原理图 1:100

八、建筑电气施工图 8-1

基础知识

请自学配套教材第8章，并完成下列习题。

(1) 根据房屋建筑对电气的安装要求，对应的有各种各样的电气施工图，一般的房屋满足照明和电源插座的要求有_____施工图；满足控制设备及动力设备的要求有_____。

(2) 绘制下列设备的图例。

照明配电箱　　　　　电度表

双管荧光灯　　　　　吸顶灯

二级翘板开关　　　　延时开关

拉线开关　　　　　　三相带接地暗插座

疏散方向指示灯　　　吊扇

向上配线

(3) 说明下列线路敷设部位代号的含义。

AC：　　　　　WE：　　　　　CE：

CC：　　　　　FC：　　　　　WC：

SR：　　　　　BE：　　　　　ACE：

CLE：　　　　 BC：　　　　　CLC：

(4) 说明下列线路敷设方式代号的含义。

K：　　　　　PCL：　　　　TC：

PVC：　　　　CT：　　　　　PR：

PL：　　　　　SC：　　　　　SR：

(5) 说明下列导线型号的含义。

BV：　　　　　BLV：　　　　BVV：

BLVV：　　　 BXF：　　　　BXHF：

(6) 说明下列灯具安装代号的含义。

S：　　　　　R：　　　　　CH：

P：　　　　　W：　　　　　CR：

八、建筑电气施工图

建筑电气施工图作业指导书

作业十四 配电平面图

1. 目的

（1）学习建筑电气施工图的表达内容和画法特点。

（2）掌握绘制配电平面图的方法和步骤。

2. 内容

根据附图，抄绘配电平面图。

3. 要求

（1）图纸：3号图纸。

（2）图名：三、四层配电平面图。

（3）比例：1∶100。

（4）图线：用墨线或铅笔线绘制。粗线宽为0.7mm，中线宽为0.35mm，细线宽为0.18mm。导线用粗线，房屋平面和方框线用中线或细线，其余均为细线。

（5）字体：图中的尺寸数字采用3.5号字，图名用7号字，其余采用5号字。

4. 附图

配电平面图附图见本习题集8-2。

作业十五 配电系统图

1. 目的

（1）学习建筑电气施工图的表达内容和画法特点。

（2）掌握绘制配电系统图的方法和步骤。

2. 内容

根据附图，抄绘配电箱配电系统图。

3. 要求

（1）图纸：3号图纸。

（2）图名：配电箱配电系统图。

（3）比例：1∶100。

（4）图线：用墨线或铅笔线绘制。粗线宽为0.7mm，中线宽为0.35mm，细线宽为0.18mm。导线用粗线，房屋平面和方框线用中线或细线，其余均为细线。

（5）字体：图中的尺寸数字采用3.5号字，图名用7号字，其余采用5号字。

4. 附图

配电系统图附图见本习题集8-3。

八、建筑电气施工图 8-2

作业十四 配电平面图附图

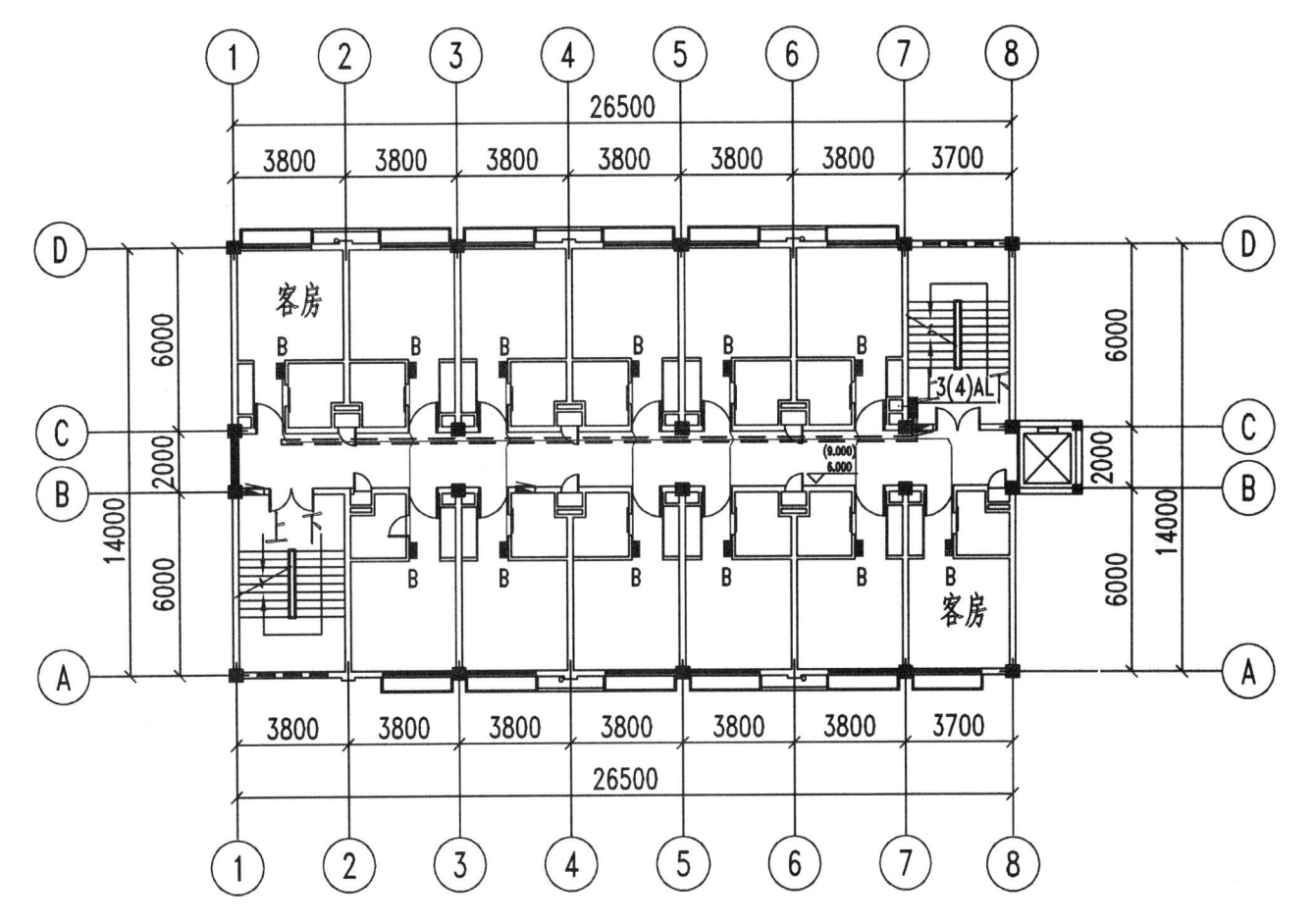

三、四层配电平面图 1:100

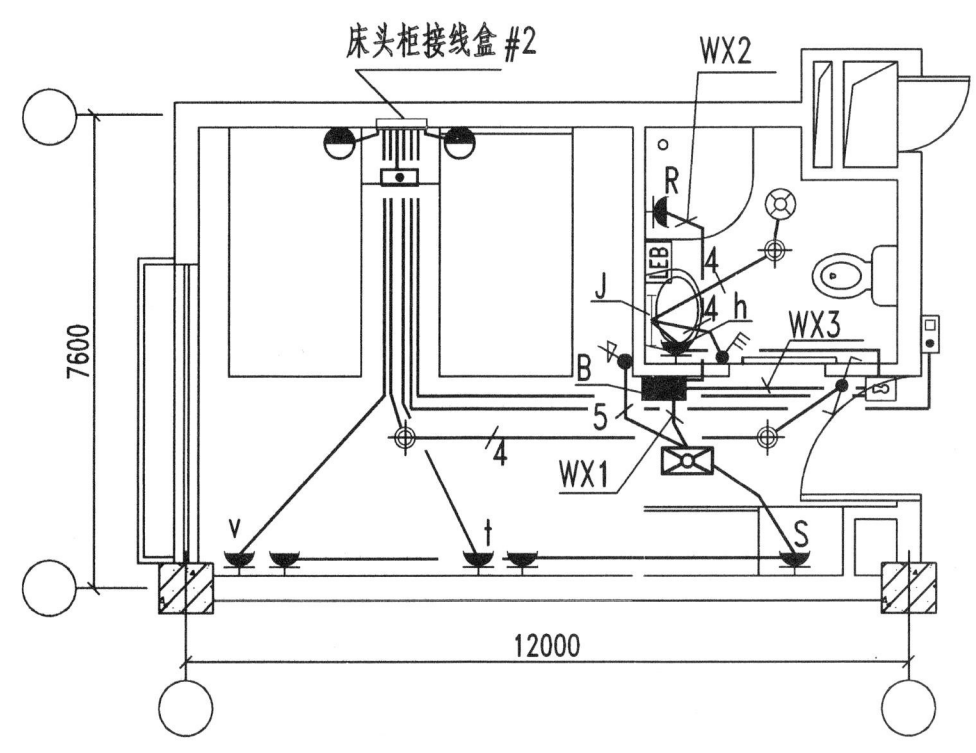

客房配电详图 1:50

八、建筑电气施工图 8-3

作业十五 配电箱配电系统图附图

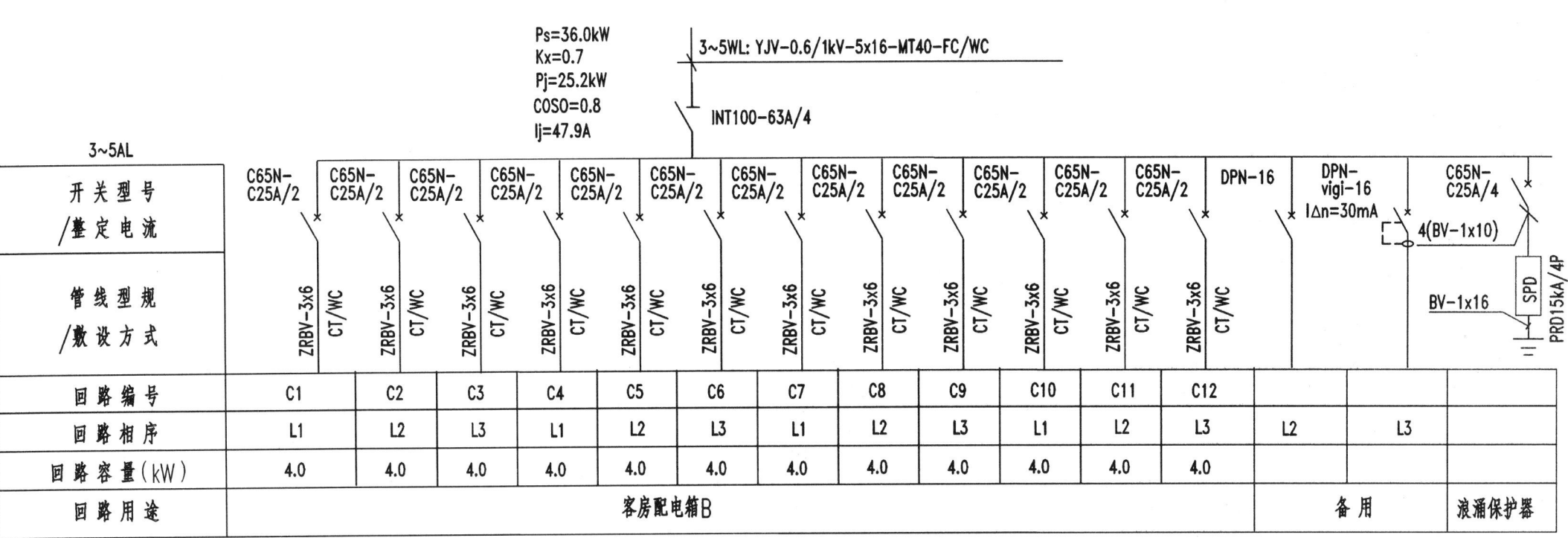

配电箱配电系统图

九、暖通空调施工图

采暖平面图作业指导书

班级　　　姓名　　　学号　　　成绩

作业十六　采暖平面图

1. 目的

（1）学习房屋暖通空调施工图的表达内容和画法特点。

（2）掌握绘制采暖平面图的方法和步骤。

2. 内容

根据附图，抄绘该采暖平面图，并标注尺寸。

3. 要求

（1）图纸：A3绘图纸。

（2）图名：二层采暖平面图。

（3）比例：1∶100。

（4）字体：图中的尺寸数字采用3.5号字，图名用7号字，其余用5号字。

（5）布图匀称，作图准确，图线粗细分明，尺寸无误，字体端正。

4. 绘图步骤

（1）先画草图，草图在白图纸上用H型铅笔（轻、细）绘制。

（2）再上墨线，墨线图在透明描图纸上用针管笔绘制。上墨时注意，同一方向和同一种宽度的线尽可能一次完成。

（3）最后注写文字、尺寸。

5. 附图

二层采暖平面图附图见本习题集9-1。

九、暖通空调施工图 9-1

作业十六 二层采暖平面图附图

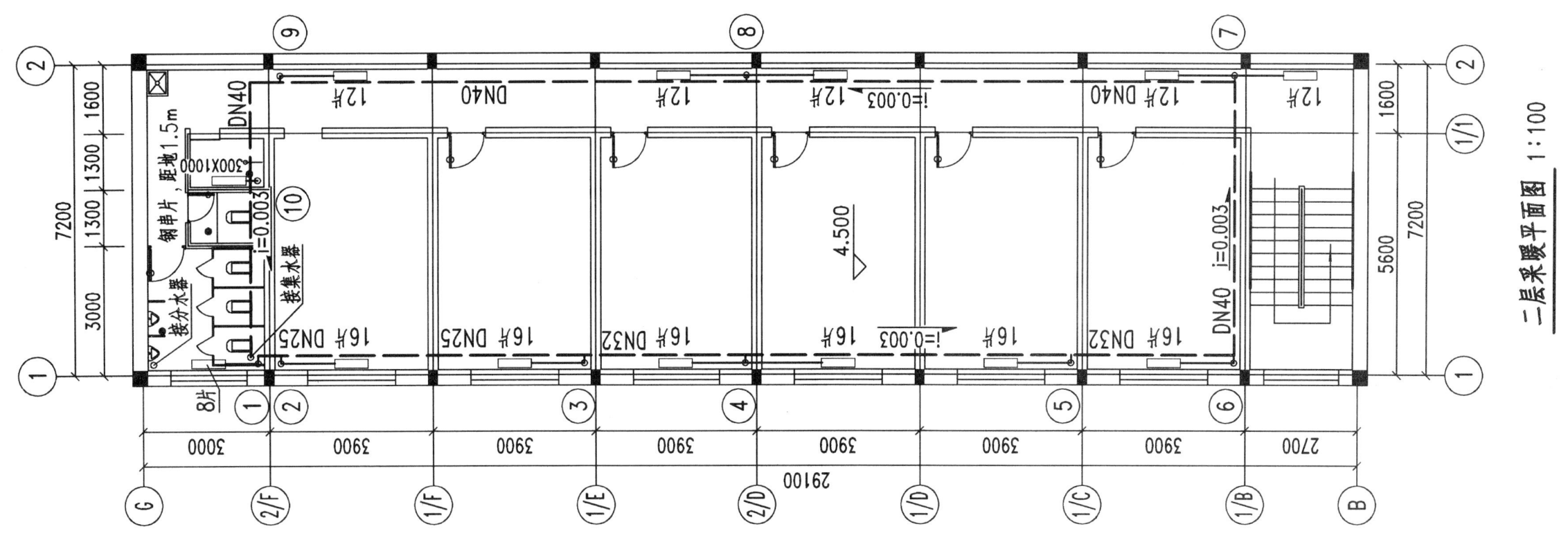

二层采暖平面图 1:100

九、暖通空调施工图

空调风管系统图作业指导书

作业十七　空调风管系统图

1. 目的

（1）学习房屋暖通空调施工图的表达内容和画法特点。

（2）掌握绘制空调风管系统图的方法和步骤。

2. 内容

根据附图，抄绘该空调风管系统图，并标注尺寸。

3. 要求

（1）图纸：A3绘图纸。

（2）图名：二层空调风管系统图。

（3）比例：1∶100。

（4）字体：图中的尺寸数字采用3.5号字，图名用7号字，其余用5号字。

（5）布图匀称，作图准确，图线粗细分明，尺寸无误，字体端正。

4. 绘图步骤

（1）先画草图，草图在白图纸上用H型铅笔（轻、细）绘制。

（2）再上墨线，墨线图在透明描图纸上用针管笔绘制。上墨时注意，同一方向和同一种宽度的线尽可能一次完成。

（3）最后注写文字、尺寸。

5. 附图

二层空调风管系统图附图见本习题集9-2。

九、暖通空调施工图 9-2

作业十七　二层空调风管系统图附图

1. 变风量空调机组
2. 微传孔板消声器
3. 方形散流器
4. 防火柔性短管
5. 防火阀

二层空调风管系统图　1:100

十、道路、桥梁及隧洞施工图

桥梁总体布置图作业指导书

作业十八　桥梁总体布置图

1. 目的

(1) 学习桥梁工程图的表达内容和画法特点。

(2) 掌握绘制桥梁总体布置图的方法和步骤。

2. 内容

根据附图，抄绘该桥梁总体布置图详图，并标注尺寸。

3. 要求

(1) 图纸：A3绘图纸。

(2) 图名：桥梁总体布置图。

(3) 比例：1∶100。

(4) 字体：图中的尺寸数字采用3.5号字，图名用7号字，其余用5号字。

(5) 布图匀称，作图准确，图线粗细分明，尺寸无误，字体端正。

4. 绘图步骤

(1) 先画草图，草图在白图纸上用H型铅笔（轻、细）绘制。

(2) 再上墨线，墨线图在透明描图纸上用针管笔绘制。上墨时注意，同一方向和同一种宽度的线尽可能一次完成。

(3) 最后注写文字、尺寸。

5. 附图

桥梁总体布置图附图见本习题集10-1。

6. 说明

附图中尺寸单位为厘米（cm），标高单位为米（m）。

未标出的尺寸在图中按比例量取。

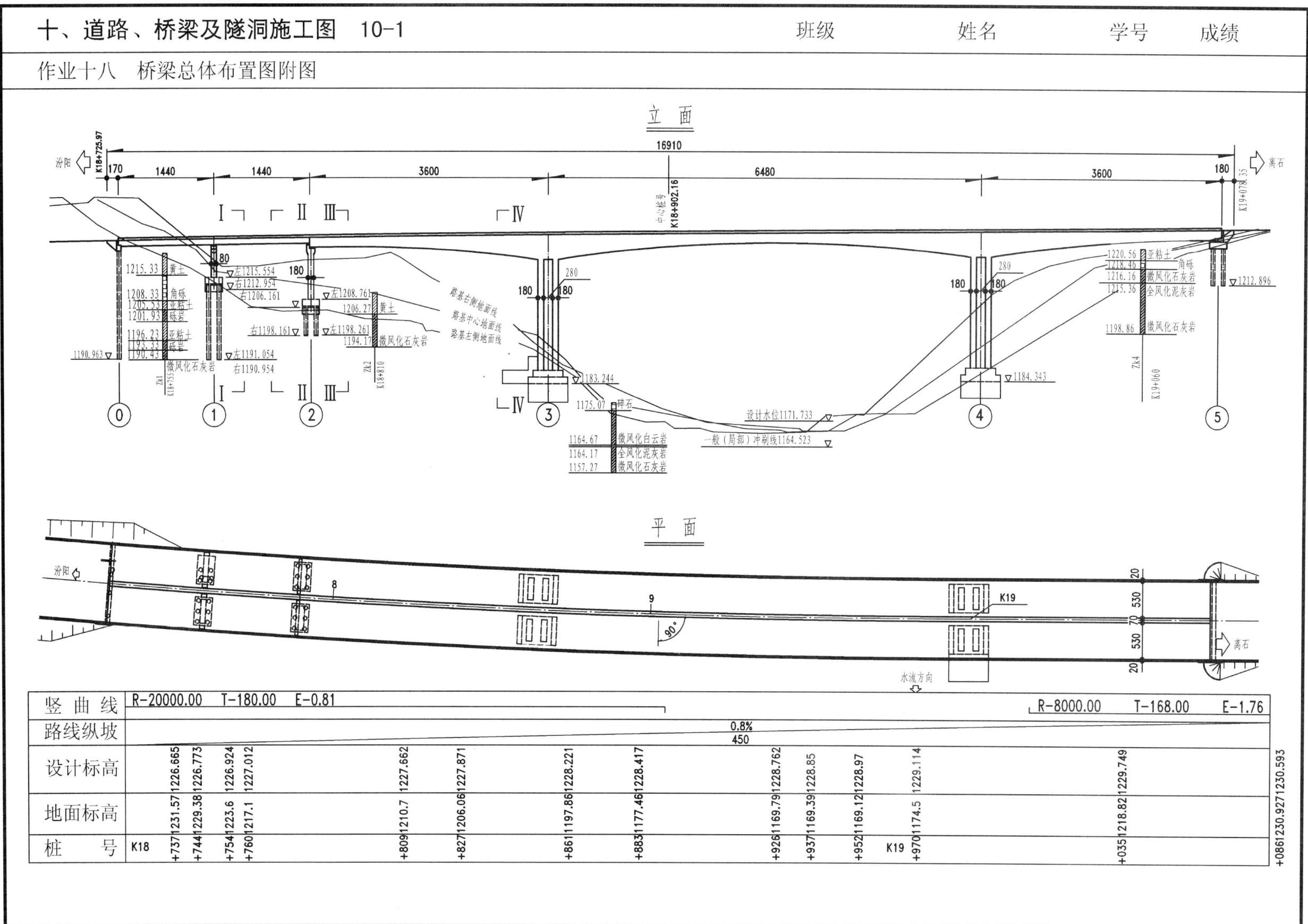

十、道路、桥梁及隧洞施工图

涵洞工程图作业指导书

作业十九 涵洞工程图

1. 目的

(1) 学习涵洞工程图的表达内容和画法特点。

(2) 掌握绘制涵洞工程图的方法和步骤。

2. 内容

根据附图，抄绘该涵洞总体布置图详图，并标注尺寸。

3. 要求

(1) 图纸：A3绘图纸。

(2) 图名：涵洞工程图。

(3) 比例：1∶100。

(4) 字体：图中的尺寸数字采用3.5号字，图名用7号字，其余用5号字。

(5) 布图匀称，作图准确，图线粗细分明，尺寸无误，字体端正。

4. 绘图步骤

(1) 先画草图，草图在白图纸上用H型铅笔（轻、细）绘制。

(2) 再上墨线，墨线图在透明描图纸上用针管笔绘制。上墨时注意，同一方向和同一种宽度的线尽可能一次完成。

(3) 最后注写文字、尺寸。

5. 附图

涵洞工程图附图见本习题集10-2。

6. 说明

(1) 涵洞纵剖面图中涵底流水坡度一般不大，为简化作图，可采用水平线画出，但纵坡值应当标注清楚。

(2) 暗涵涵顶填土厚度应大于50cm。作图时，未标出的尺寸按比例在图中量取。

(3) 当洞口为锥形护坡时，应按椭圆长短半径画出1/4椭圆弧段，并加画示坡线。

(4) 路基边坡示坡线应采用直尺长短相间画出与边缘垂直的细实线。

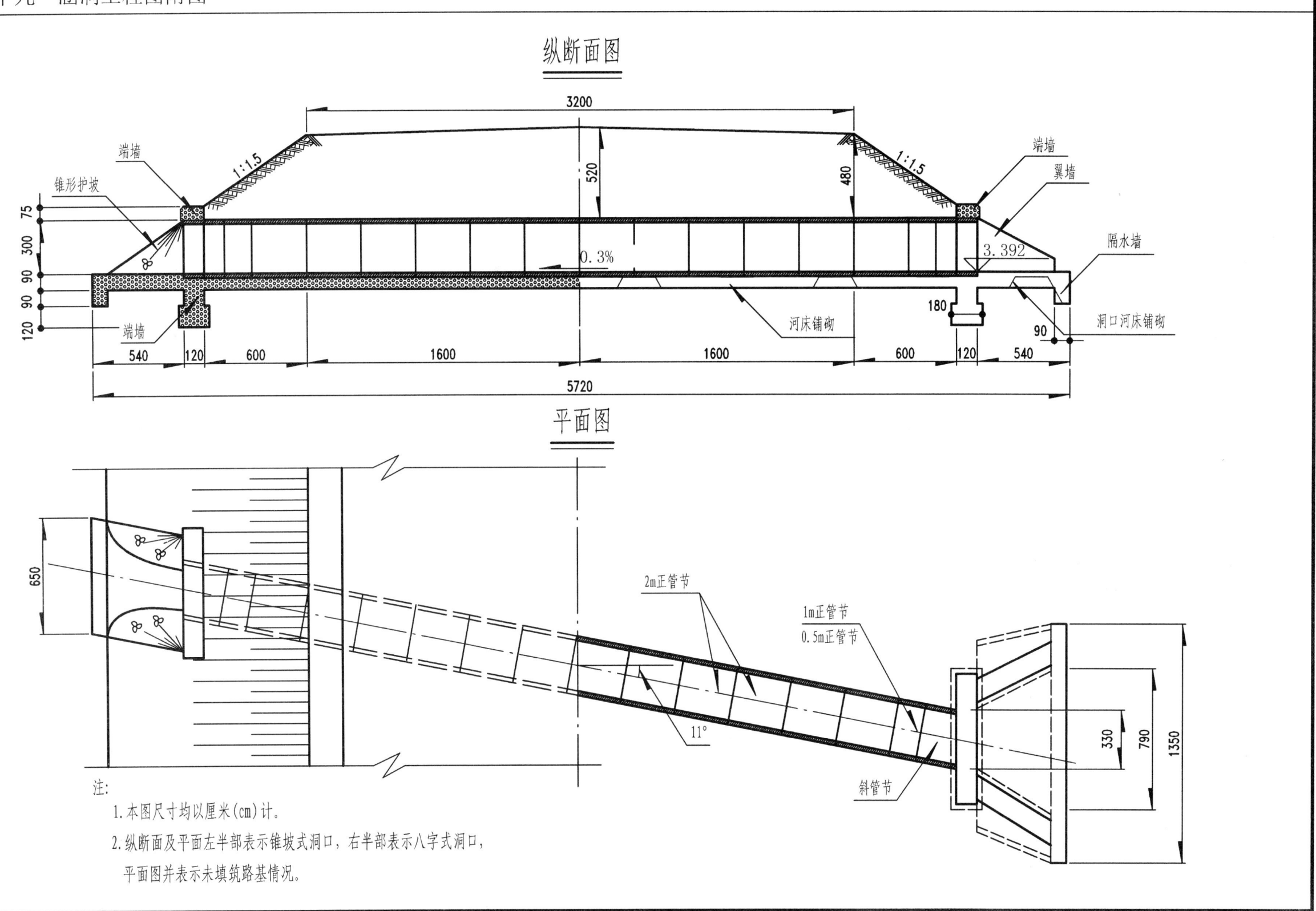

十、道路、桥梁及隧洞施工图

道路工程图作业指导书

作业二十 道路工程图

1. 目的

(1) 学习道路工程图的表达内容和画法特点。

(2) 掌握绘制道路工程图的方法和步骤。

2. 内容

根据附图，抄绘该道路工程图详图，并标注尺寸。

3. 要求

(1) 图纸：A3绘图纸。

(2) 图名：道路工程图。

(3) 比例：1∶100。

(4) 字体：图中的尺寸数字采用3.5号字，图名用7号字，其余用5号字。

(5) 布图匀称，作图准确，图线粗细分明，尺寸无误，字体端正。

4. 绘图步骤

(1) 先画草图，草图在白图纸上用H型铅笔（轻、细）绘制。

(2) 再上墨线，墨线图在透明描图纸上用针管笔绘制。上墨时注意，同一方向和同一种宽度的线尽可能一次完成。

(3) 最后注写文字、尺寸。

5. 附图

道路工程图附图见本习题集10-3。

十、道路、桥梁及隧洞施工图 10-3

作业二十 道路工程图附图

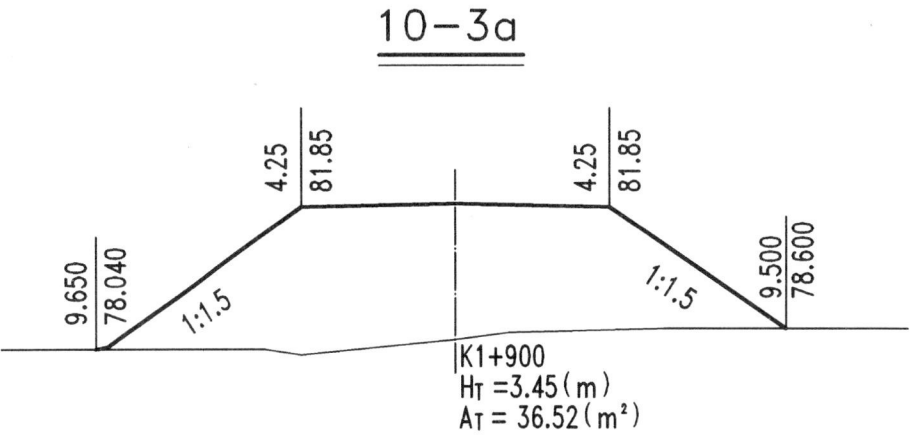

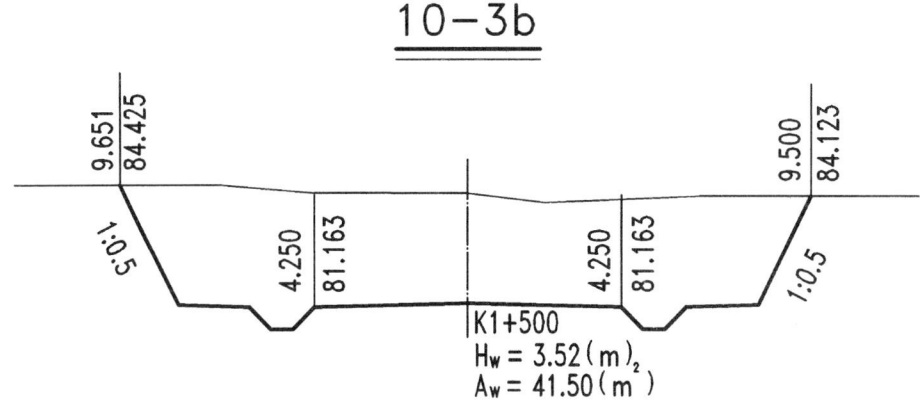

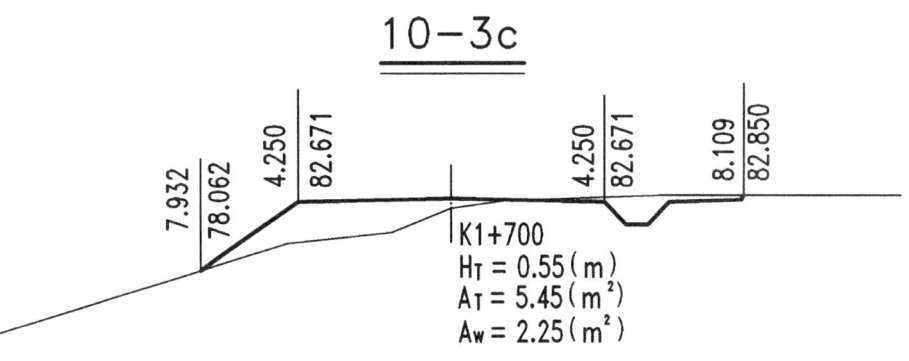